专家编写服装实用教材·中级版

服装概论

（第3版）

许晓慧　曹　勇　宋绍华　编著

U0208459

中国纺织出版社

内 容 提 要

服装概论作为各类服装类专业学校的重点课程，是学习和研究服装的基础，本书从介绍服装的基本概念和基本性质入手，系统地介绍了服装的意义和作用、我国服装的起源与历史演变、服装的属性、服装的流行、服装的构成和分类，还包括服装的市场与营销以及服装职业领域的分析等服装领域的相关知识，力求为读者构建一个完整的服装理论知识体系。

本书图文并茂，每一章后列有练习题和思考题，便于读者学习重点。本书可以作为中高等职业学校教材，也可以作为服装专业院校师生的参考书，或者作为从事服装设计、销售、管理和广大服装爱好者的参考读物。

图书在版编目（CIP）数据

服装概论 / 许晓慧，曹勇，宋绍华编著 . —3 版
. —北京：中国纺织出版社，2013.1
专家编写服装实用教材 . 中级版
ISBN 978-7-5064-8504-3

Ⅰ . ①服… Ⅱ . ①许… ②曹… ③宋… Ⅲ . ①服装学—高等学校—教材 Ⅳ . ① TS941.1

中国版本图书馆 CIP 数据核字（2012）第 065532 号

策划编辑：宗 静 华长印 责任编辑：韩雪飞 责任校对：楼旭红
责任设计：何 建 责任印制：何 艳

中国纺织出版社出版发行
地址：北京东直门南大街 6 号 邮政编码：100027
邮购电话：010-64168110 传真：010-64168231
http://www.c-textilep.com
E-mail: faxing@c-textilep.com
北京通天印刷有限责任公司印刷 各地新华书店经销
2013 年 1 月第 3 版第 21 次印刷
开本：787×1092 1/16 印张：11.5
字数：192 千字 定价：32.00 元

前言

当今世界经济的信息化、市场化、集成化、网络化的发展，使企业、产品、人才和市场出现了更为激烈的竞争和快速的变化。服装企业需要的不仅仅是只会在纸上画一张漂亮的效果图，或者空有一个美妙的构思创意而不能使其变成现实设计人员，而需要的是实用型、技术应用型人才。培养适应市场、企业需要的人才是职业教育培养人才的目标。在这种情况下我们修订编写了这本《服装概论（第3版）》，目的是希望刚刚进入服装领域学习的学生以及服装的业余爱好者，通过对本书的学习，了解服装专业所包括的基本知识及相关知识，能够对服装设计这个行业有一个正确的认知，使他们明白作为服装设计师不是会画漂亮的效果图就行，而是必须具有深厚的基础素养，丰富的专业知识，良好的艺术审美能力，才能在设计的创造上独具匠心，进入更高的境界。从而建立一个科学的学习观念，掌握正确的学习方法，为今后的学习打下良好的基础。

本书作为服装专业的基础教材，是从总的角度来认识和研究服装，主要内容是介绍服装和服装学的内涵及其外延知识，其中包括服装的概念、起源、构成、功能、属性和分类等内涵知识，以及服装与人体、审美、心理、流行等相关学科相互关系的外延知识。本书主要从美学、文化人类学、社会心理学、设计学等综合的角度，对服装设计以及相关学科进行较为系统的介绍。这门课程属于服装专业的基础理论课程，内容涉猎的范围较广并且大多数内容以介绍性为主，深入的知识会在今后其他课程中进一步学习，那么如何掌控本书的深度及内容安排即成为本书编写时重点考虑的问题，通过多年的教学，不断了解和总结学生的学习反馈和兴趣点，在传统教材的内容上进行适当的调整和删改，添加一些学生迫切想要了解的例如服装职业领域的研究等内容，同时注重教材的时代性与知识的前沿性。在编写过程中，我们结合职业技术教育的特点，注重教材的科学性、系统性和合理性，合理安排章节，力求做到深入浅出，使学生通过对本书的学习能够较为全面的了解服装学的基础知识，为深入学习其它服装专业课程起到启发和引导作用。

由于我们的能力有限，书中难免有些错误和不足，还请广大的专家和读者批评和指正！

感谢本书第一、第二版作者宋绍华、孙杰老师，你们为本书打下了坚实的基础！

感谢天津科技大学的曹勇老师绘制本书图片！

感谢澄迈中等职业学校的徐婷婷老师为本书的第二章、第三章进行资料收集整理以及初步编写!

感谢天津科技大学服装系的胡梦露、周前远、陈琰、肖瑶等同学对本书的资料收集和部分文字整理!

编者

2012.9

目录

第一章　绪论

　　服装的功能是服装最本质的内涵，功能即是使用价值。人们需要服装，实际上就是对服装功能的需要，并且随着社会生产的发展与物质文明的进步，对服装功能的需要会逐渐丰富和发展。

第一节　服装的功能

一、服装的实用功能

　　实用是服装的首要功能，也是基本功能，它所包含的内容很广泛，如防寒遮体、防雨挡风、保温散热、适应环境等。

（一）御寒隔热适应气候变化

　　通过穿着服装，可以保持人体的温度，调节环境温度对体温的影响。

（二）保护皮肤清洁，有利身体健康

　　人们生活在自然界里，尘埃和病菌时时要沾污人体皮肤，人们穿着服装后，就可以遮蔽身体，使灰尘和病菌不容易污染皮肤。同时，衣服还具有一定的吸湿性，可以不断吸收人体分泌出来的汗液和污垢，起到保肤清洁，防止疾病，有利于人体健康的作用。

（三）遮掩人体，免受伤害

　　人们在日常生活和劳动中，难免会受到一些碰撞，或遭到意外引起的火星和沸水伤害，或被坚硬尖锐的物体刺伤。有了衣服遮蔽身体，就可以防止或减少各种碰伤、灼伤、烫伤和刺伤的可能，起到保护身体的作用。早在原始社会，人们就知道用兽皮、树叶遮掩身体，这不仅是为了避寒防雨，也是为了防御虫害的侵袭。

（四）劳动防护服装是实用功能的集中反映

　　各式各样劳动防护服的问世，是服装实用功能最集中、最具体的反应。例如石棉制作的

炼钢用工作服，要求隔绝高温并不易燃烧；食品、医药行业需要具有防尘、无菌的净化服装；电子行业的工作服要能防静电；微波通讯器材制造行业的工作服要有防电磁波作用等。

二、服装的美化功能

俗语说"佛要金装，人要衣装"，"三分貌七分装"，这些都说明服装的美化功能和服装对人体装饰的重要性。服装的美化功能，主要表现在以下方面。

（一）适体协调给人以美的享受

服装的美化功能并不能单纯地从服装造型本身产生和形成，只有将服装造型和穿着者的年龄、体型、性别、性格及穿着环境相结合，才能反映出来。通过协调就会给人带来美感，达到美化的功能。

（二）修饰人体体型，弥补体型缺陷

服装造型可修饰人体体型，弥补体型的某些缺陷和不足。例如斜肩或高低肩者可用垫肩调节弥补不足，体型胖瘦可由衣料的色彩和直、横花纹来调和。同时，服装可以通过不同的款式、不同的领型、不同的色泽对不同肤色和脸型起到修饰作用。

三、服装的标志功能

服装主要是为了遮羞、御寒防暑、保护人体和美化人体等需要而产生和发展的。随着人类不断进化，到了等级制度森严的封建社会，统治者除了施行权利统治人民外，还采用服装加强自上而下的从属关系，层层控制以维护和巩固自己的政治地位。于是服装就增加了一个新的功能，即标志功能。服装标志功能的阶段性，在我国封建社会尤为突出。

服装标志功能具有识别功能，在现代社会中的作用非常显著，如各种功能的制服、职业服等。

四、服装的经济功能

服装自产生以来，在很长一段时间里是由家庭成员自己缝制、自己穿着，是自给自足的生活用品，所以其经济功能并不显著。随着生产社会化和商品化，服装就成为国民经济的组成部分，同时，服装也是市场竞争激烈的商品之一，因此必须讲成本、讲效率、讲经济效益。所以服装也就有着一定的经济功能。

服装的经济功能，是从两方面反映出来的，一是服装作为商品，就有一定的经济效益。二是服装的消费情况可以体现家庭或国家的经济情况和生活水平，可以反映贫富的程度等。

服装的各种功能都是通过服装的材质、色彩、款式和工艺制作反映的。按照不同的需要，制作的各类服装，就会有着不同的功能。同时，每款服装的功能是交叉存在和相互联系的，

不能截然分开。一款服装只有单一功能的情况是不存在的，如只讲实用不讲美观，或只强调标志功能而不顾实用和美观都是不现实的，特别在当代社会，要求服装应该具有多种功能，只不过侧重点有所不同罢了，应该根据具体的穿着对象而调整，并使各功能之间做到完美的结合。

第二节　服装的属性

属性是指某一事物所具有的特点和性质，并且是其他事物所不能代替的。由于服装既是人们生活的必需品，又是工业产品和商品，它既有保护人体的功能，又有美化人体的艺术效应，同时能够体现人们文化艺术素养和精神风貌，因此，服装具有多种属性。本节主要阐述服装的实用、艺术、社会三个方面的属性以及属性相互之间的联系，这对指导服装的造型设计和生产制作具有一定的现实意义。

一、服装的实用性

服装是人们的一种物质生活资料，它能满足人们生活中穿着的需要，起到保护身体的作用，服装的使用价值体现着服装的实用性。

服装由服装材料经过加工制作而成，以供人们生活中穿着，这便产生了服装的使用价值，即实用性。在分析服装实用性的形成和表现时，可以从服装材料和工艺制作两个方面进行研究。

二、服装的艺术性

服装的艺术性，也就是服装的美观性。服装的美观性有两重含义：一是服装本身的造型要美。二是通过服装的穿着和装点，使穿着者更加美丽动人。人们要美化生活，首先要从美化服装着手，服装美是生活美的重要组成部分。

艺术是属于社会意识的范畴，是社会意识形态的一种表现形式，它通过生动、具体、感人的艺术形象反映现实生活。艺术在漫长的社会历史发展中，形成了建筑、绘画、雕塑、舞蹈、音乐、戏剧、文学等形式。所谓"艺术性"，就是各种艺术作品通过形象反映现实生活，表现思想感情的准确、鲜明、生动的程度以及在形式、结构、表现技巧等方面的完善程度。

服装的艺术性，是人们穿着服装后的美感程度。所谓服装美，就是通过服装设计所反映出来的艺术情趣。但是，并不是所有的服装都能达到美的要求，只有符合艺术美并适合穿着者的体型，适合当时当地穿着习惯和审美情趣，才能算是美的服装。

三、服装的社会性

所谓服装的社会性，主要是指服装的生产及穿着在人身上以后，所产生的表征作用以及对社会生活产生的相互关系及其影响。

第一，服装的穿着不但是个人生活问题，而且是社会生活问题。没有服装，人们便不能进行正常的生产劳动和各种社会活动，它不仅使个人无法生活，整个社会也不能运转，这是服装一般或根本的社会性意义。同时，服装是反映人们年龄、性别、职业、民族甚至性格、爱好的标志，试想一个军队如果没有统一的军服作为表征识别，就会造成混乱。

第二，服装不论是古代服装还是现代服装，都是整个社会生产的重要组成内容。尤其是现代服装的工业化生产，已成为一个国家或地区的国民经济的组成部分，是国民经济有关部门分工协作的产物，并且是一种商品生产。这也是服装社会性的一种含义。

第三，服装是一个国家的科学技术、生产水平以及人们的文化艺术素养和精神面貌的综合反映，它是一个国家社会文化的表征，这种服装社会性的反映，其意义是十分明显的。

服装的社会性，除了上述的含义之外，还有其他方面的特征表现，或称服装的社会象征性，主要表现有如下三点。

（1）服装的历史性和阶级性：实际上是一种代表和象征，在不同的历史时期有不同的服装形式。在中国古代，由于阶级等级森严，不同的阶级有不同的服饰。

（2）服装的民族性：服装的穿着反映了各民族的生活习惯和爱好，使人们一看到他们的服饰，便可大致了解他们是哪一个民族。

（3）服装的社会适应性：不仅是指服装要适应时代潮流和社会性质，而且主要是指各种服装适应各种社会人群的穿着特性。

四、服装实用性、艺术性、社会性的相互关系

服装的生产制作是以服装美作为基础的。服装美主要包含两个方面，即艺术美和实用美。

服装的艺术美，是通过服装造型艺术形象反映出来的，服装的造型艺术是一门实用艺术，服装的艺术性要为服装的实用性服务，离开服装实用性的艺术性，就会失去服装实用艺术的意义。服装的艺术性与服装实用性能够有机地结合，就会产生既美观又实用的完美效果，使人们在精神上和物质上都得到美好的享受。因此，服装的艺术性是指导服装造型设计的一个基本原则。

服装的社会性，是通过服装的艺术性和实用性相结合来反映。美观、实用的服装要与社会的时代潮流相结合，用一定的社会时代精神来观察、审美。总之，服装艺术性、实用性是要通过穿着后的社会效果来鉴定，使之成为一种社会美，形成一种时尚。

■ 思考题

1. 服装有哪些功能？
2. 你对服装的经济功能是怎样认识的？

3. 服装实用性的含义是什么，它是怎样形成的？

4. 什么是服装的艺术性，表现在哪几个方面？

5. 服装社会性的特征应包括哪几个方面？

6. 服装艺术性、实用性、社会性三者是什么关系？

第二章　我国服装的起源、发展和演变

第一节　服装起源诸说

关于服装的起源，似乎无法用一个定论去解释，研究者的立场和出发点不同，所得出的结论也不一样。尽管能举出许多实例，可其结论可能都不是真正准确和唯一的。因此从不同的角度去理解和看待这个问题，就产生了多种关于服装起源学说理论。

一、从生理需求起源

1. 气候适应说

人类在地球上经历了多次的冰河时期，一开始是利用自身的体毛来维持体温，后来就利用动物的兽皮制作服装来抵御寒冷。

2. 身体保护说

人类在采集和狩猎的时候，难免受到伤害，尤其在直立后，人类的性器官需要保护，于是发明了不同的保护性衣服，来保护头部、躯干、四肢以及性器官，并用尾饰物等来驱赶蚊虫的叮咬。

二、从心理需求起源

1. 护符说

原始的人类相信万物有灵，面对带来疾病和灾害的"凶灵"，人们在身体上披挂了饰物，以求不让"凶灵"来威胁自己。

2. 象征说

原始人中的勇敢者、首领、富有者为了彰显自己的地位、力量、权威与财富，会用一些有象征意义的物件挂在自己的身上，诸如动物的牙齿、珍禽的羽毛、稀有的贝壳、玉石等。

3. 装饰审美说

为了美化自身，原始人类在自己的身上刻画纹样、染齿、涂甲等。

三、从性需求起源

1. 遮羞说

遮羞说指服装起源于人类的道德感和性羞耻。《圣经》故事中有亚当和夏娃在上帝的伊甸园里偷吃禁果，于是能够知善恶、辨真假，并有了羞耻之心，夏娃用无花果的叶子遮蔽身体，表现了对异性的羞耻情绪。我国古代由于礼制约束对裸体讳莫如深，由于两性生理不同而产生的羞耻感可能造成遮羞心理。

2. 吸引说

受到动物为吸引异性而拥有漂亮的外表这一现象所启发，也有人说人类的衣服是从男女间吸引异性的动机中产生的，也被说成是种族保存说和性欲说。

第二节　中国服装的发展和演变

一、先秦时期的服装

先秦时期是中国服装史的奠基阶段。大约在夏商时期中国的服饰制度初见端倪，到了周代渐趋完善，并被纳入"礼治"范围，中国服饰的一些基本形制均在此期间逐步走向成熟。

（一）早期服饰

由于织物质料远不及陶、铜器那样久存不朽，因而相对来讲，保存下来的早期服饰的实物资料相当少，只能在一定程度上借助于某些神话传说与器皿纹饰等来推测。不过，从考古资料以及留存至今的仍处于原始社会生活方式之中的部落生民等形象资料来看，人们用树叶、兽皮裹身，如图 2-1 所示。织物出现以后，人们主要穿着长及膝部的贯口衫（贯头衫），其形制很可能是织出相当于两个衣长的一块衣料，对等相折，中间挖一圆洞或切一口，穿时可将头从中伸出，前后两片以带系束。上下分体的上衣下裳（裙）服装形制，大致形成于夏朝。

中国是最早饲养家蚕和纺织丝绸的国家。在很长时期内，中国人一直独善这种技术。据史料记载，中国蚕桑丝绸生产的源头可追溯到距今五千年之前的新石器时代晚期，到了殷商时期，人们已经掌握了提花丝织技术，染织技术也逐渐成熟，为以后几千年的丝织、染织技术奠定了基础。

图2-1　兽皮衣、贝饰

（二）商代、周代及春秋、战国时期的服饰

1. 商代服饰

商代服饰形式主要采用上衣下裳制,衣用正色,即青、赤、黄、白、黑等五种原色;裳用间色,即以正色相调配而成的混合色。服装以小袖为多,衣长至膝部,遮住开裆裤,以带束腰。已有冕服等象征等别的服饰。

2. 周代服饰

周代沿用上衣下裳制,上衣多为直裾式、交领右衽,袖身比商代宽博。周代礼服制度规定严格,因仪典性质、季节等而决定纹饰、质料。当时有官任"司服"者,专门掌管服制实施,安排帝王穿着。也有专门的"内司服"来掌管王后的穿着。祭祀大礼时,帝王百官皆穿礼服。《周礼·春官》记载:"王之吉服则衮冕,享先公飨射则鷩冕,祭群小则玄冕"。由此可见,中国的服饰制度在周代已经基本完备。从孔子"服周之冕"可看出后代以周代冕服制为标准。

冕服包括冕冠、上衣下裳,腰间束带,前系蔽膝,足蹬乌屦。

冕冠是在一个圆筒式的帽卷上面覆盖一块木制的綖(冕板),广八寸,长尺六寸,上以玄(黑色),下以纁(浅红色),前后有旒。綖为前圆后方的造型,戴时后面略高一寸,有向前倾斜之势。旒为綖板下成串垂珠,一般为前后各十二旒,但根据礼仪轻重、等级差异,也有九旒、七旒、五旒、三旒之分。每旒多为穿五彩玉珠九颗或十二颗。冕冠戴在头上,以笄(簪子)沿两孔穿发髻固定,两边各垂一珠,叫做"黈纩",也称"充耳",垂在耳边,意在提醒君王勿轻信谗言,连同綖板前低俯就之形,都含有规劝君王仁德的政治意义。如图2-2所示。

图2-2 冕冠

冕服衣裳多为玄衣而纁裳,即上衣采用青黑色,象征天;下裳黄赤色,象征地。上衣画有六种不同的纹样,而下裳则绣有六种不同的纹样,这些纹样合称十二章纹。十二章纹是指

日、月、星辰、山、龙、华虫、火、宗彝、藻、粉米、黼、黻等 12 种图案，如图 2-3 所示。这 12 种图案各有寓意。日、月、星辰代表光辉，山代表稳重，龙代表变化，华虫（雉鸟）代表文采，火代表热量，粉米代表滋养，藻代表纯净，宗彝代表智勇双全，黼代表决断，黻代表去恶存善。

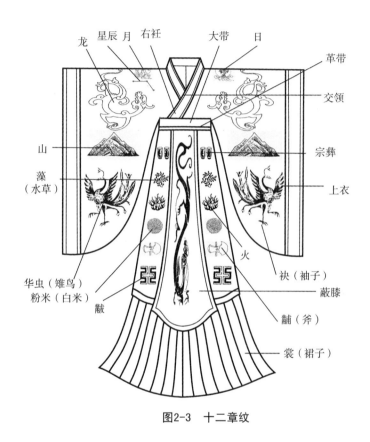

图2-3 十二章纹

冕服腰间束带，带下佩蔽膝。蔽膝，又叫绂、袆、韨，用在冕服中一般称为芾，是遮盖大腿至膝盖的服饰，多为上广一尺，下展二尺，长三尺。形似围裙而狭长，下成斧形，象征权威，用不同质料、色泽花纹区别等级。

舄是双层底的鞋，上层用麻或皮，下层用木，如图 2-4 所示。周代君王之舄有白、黑、赤三种颜色，分别在不同场合穿着。

图2-4 舄

3. 春秋战国服饰

春秋战国时期的服饰大致沿袭商代的服制，出现上下连属"深衣"的新型服饰。在战国时期，胡服的诞生打破了服饰的旧样式，"胡服骑射"成为佳话。

（1）深衣：深衣出现于春秋、战国之交。深衣的上衣和下裳分裁，然后在腰间缝为一体，如图 2-5 所示，有曲裾与直裾之分。衣袖有大小两式，长至足踝或长曳及地，上身合体，下裳宽广，腰间系带，带上还挂有玉制的饰物。曲裾除了上述特点外，还有一明显的不同之处就是"续衽钩边"。"衽"就是衣襟，"续衽"就是将衣襟接长，"钩边"就是在边缘绣绘。下摆不开衩，衣襟加长形成三角形，穿时绕至背后，再用腰带系扎，如图 2-6 所示。不论贵贱男女、文武职别，都可以穿着深衣。

（a）楚国贵妇直裾深衣

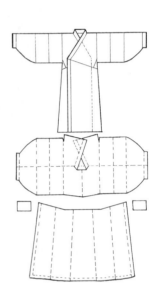

（b）直裾深衣结构图

图2-5　战国时期的直裾深衣

图2-6　战国男子的曲裾深衣（根据中山王墓出土油灯人物复原绘制）

（2）胡服：所谓胡服是指与中原人宽衣大带相异的北方少数民族服装，其主要特征是短衣、长裤、革靴或裹腿，衣袖偏窄，便于活动。战国时期，赵武灵王看到赵国军队的武器虽然比胡人优良，但大多数是步兵与兵车混合编制的队伍，而且官兵都是身穿长袍，甲靠笨重，结扎烦琐，动辄即是几万、几十万甚至上百万步兵，而灵活迅速的骑兵却很少，于是也叫士兵们穿起了胡服，开始学骑射，果然使赵国很快强大起来。胡服的款式及穿着方式对后世产生了很大的影响。

商、周、春秋、战国时期的首服有冠、帽、巾等；足服主要有履、舄、鞋、靴等形制。诸履之中，以舄为贵。鞋是一种高帮的便履，以皮革制成；靴则是胡人骑马射箭时所穿，后来被汉人逐渐接纳；头饰有笄，是用来固定发髻和冠帽的，材料使用骨、玉、银、金、绿松石等；带钩是腰带的挂钩，由于带钩扎结起来比绅带更便利，逐渐被普遍使用，取代了丝绦的地位。带钩起源于西周，战国至秦汉广为流行，制作也日趋精巧。它的作用，除装在革带的顶端用以束腰外，还可以装在腰侧用以佩刀、佩剑、佩镜、佩印或佩其他装饰物品。

二、秦汉时期的服饰

秦汉时期，服饰的等级区别也更加严格。秦代服制与战国时无大差别，保持深衣的基本形制。秦代服色尚黑，秦始皇规定的大礼服是上衣下裳同为黑色为最上，三品以上的官员着绿袍，庶人着白袍。西汉男女服装，仍沿袭深衣形式，通常用交领，领口很低，外衣里面都有中衣及内衣，若穿几件衣服，每层领子必露于外，最多的达三层以上，时称"三重衣"，如图2-7所示。曲裾服在西汉早期多见，而东汉时渐少。东汉时，通裁的袍服转入制度化。汉代有了舆服制度。史书列有皇帝与群臣的礼服、朝服、常服等二十余种。服饰上的等级差别十分明显。主要表现在：冠服在因袭旧制的基础上，发展成为区分等级的基本标志；佩绶制度确立为区分官阶的标志。

秦汉服装的面料仍重锦绣。绣纹多有山云鸟兽或藤蔓植物花样，织锦有各种复杂的几何菱纹以及织有文字的通幅花纹。西汉张骞出使西域，开辟了中国与西方各国的陆路通道，成千上万匹丝绸源源外运，直至魏晋隋唐一直没有中断，史称丝绸之路。从此，中华服饰文化传往世界。

1. 袍服

袍服在先秦时期就已经出现，那个时期的袍服，只是一种纳有絮棉的内衣。秦时的袍仍保留着内衣的形制，袍服外有外衣。东汉以后，

图2-7　汉代"三重衣"

人们逐渐以袍服作为外衣，并有"朝服"之称。袍服以大袖为多，袖口部分收缩紧小，称为祛。有的在领、袖、襟、裾处饰有菱纹或方格纹等，交领右衽，衣襟开得很低，领口露出内衣，有曲裾与直裾之分。

（1）直裾袍服：汉代的直裾袍服男女均可穿着，如图 2-8 所示。这种服饰早在西汉时就已出现，但不能作为正式的礼服。原因是古代裤子皆无裤裆，仅有两条裤腿套到膝部，用带子系于腰间。这种无裆的裤子穿在里面，如果不用外衣掩住，裤子就会外露，这在当时被认为是不恭不敬的事情，所以外要穿着曲裾深衣。后来有裆的裤子出现以后，曲裾绕襟已属多余，所以至东汉以后，直裾袍服逐渐普及，并替代了曲裾袍服。

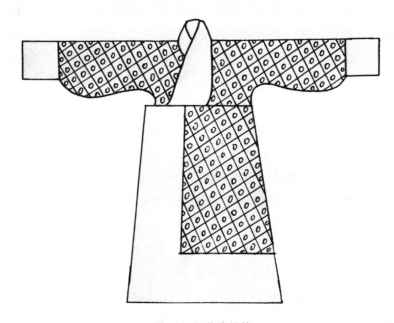

图2-8 汉代直裾袍

（2）曲裾袍服：汉代曲裾袍服不仅男子可穿，同时也是女服中最为常见的一种服式，男子曲裾袍服的下摆比较宽大，以便于行走；而女子的衣襟绕转层数加多，衣服的下摆增大。穿着这种衣服，腰身大多裹得很紧，下摆一般呈喇叭状，长可曳地，行不露足，如图 2-9 所示。衣袖有宽窄两式，袖口大多镶边。

2. 裤

裤在袍服之内，为下身所服，早期无裆，类似今日套裤。《说文》曰："绔，胫衣也。"后来发展为有裆之裤，称裈。

3. 禅衣

禅衣为贵族平日燕居之服，与袍式略同。禅为上下连属，但无衬里，可理解为穿在袍服里面或夏日居家时穿的衬衣。

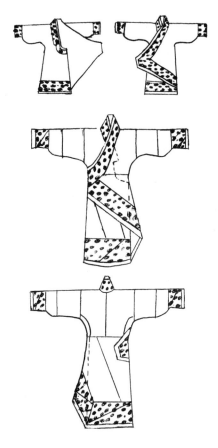

（a）汉代曲裾袍　　　　　　　　　　　　（b）曲裾袍结构图

图2-9　曲裾袍服

4. 襦衣

秦时的普通百姓多穿襦衣，袍与襦的主要区别在其长短上。襦衣就其长短而言，又有长襦、短襦、腰襦的分别。衣的下摆齐膝者为长襦，位于膝上者为短襦，齐腰者为腰襦。从这一点上看，襦衣要比袍服短。男子上穿襦衣时下配襦裤，而女子下配襦裙，如图 2-10所示。

5. 襦裙

襦裙为女子服饰，是与上下连属的深衣不同的另一种形制，即上衣下裳。这种裙子大多用四幅素绢拼合而成，上窄下宽，不加边缘，因此得名"无缘裙"。另在裙腰两端缝上绢条，以便系结。这种襦裙是中国妇女服饰中最主要的形式。

6. 冠帽及佩绶

汉代以冠帽及佩绶作为区分等级的主要标志，不同的官阶有不同的冠帽，冠制十分复杂。仅《后汉书·舆服志》收录的就有 16 种之多。例如冕冠，天子与公侯、卿大夫参加祭祀大典时，必

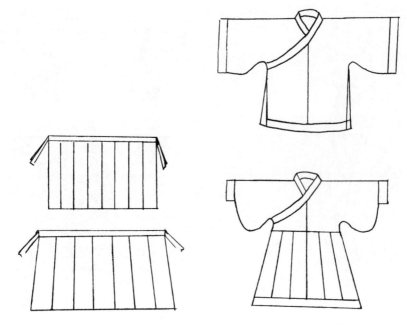

图2-10　襦衣、襦裙示意图

图2-11　戴进贤冠的文吏

须戴冕冠，穿冕服，并以冕旒多少与质地优劣以及服色与章纹的不同区分等级尊卑。武冠为武官所戴礼冠。法冠为执法者所戴。进贤冠为儒士所戴，以冠上梁数分别等级贵贱，如图 2-11 所示。

汉代实行佩绶制度，达官显宦佩挂组绶。组，是一种用丝带编成的装饰品，可以用来束腰。绶，是用来系玉佩或系印纽的绦带。官员外出，必须将官印装在腰间的鞶囊之内，将印绶垂在鞶囊外面。人们可以根据官员所佩绶的尺寸、颜色及织法来判定他们身份的高低。

7. 巾帻

秦朝时，巾帕只限于军士使用。到了西汉末年出现巾帻（有些像便帽）包头，后来戴巾帻就成了风气。巾帻主要有介帻和平上帻两种形式。顶端隆起、形状像尖角屋顶的，叫介帻，顶端平平的，称平上帻，如图 2-12 所示。身份低微的官吏不能戴冠，只能用帻。达官贵人家居时，也可脱掉冠帽，头戴巾帻。

8. 鞋履

秦汉有严格的鞋履制度，在鞋履的穿着方面有着严格的规定，如祭服穿舄，朝服穿履，燕服穿屦，出门行路则穿屐。除此之外，还有其他规定，例如，妇女出嫁必须穿木屐，达官富户

图2-12 介帻（左）和平上帻（右）

则需要在木屐上施以彩画，并以五彩丝带系之。男女鞋款也有明显的区别。男人必须穿方头鞋履，以表示阳刚，而女人则穿圆头鞋，寓意温和圆顺及顺从丈夫。

9. 发式与饰品

汉代妇女的发式以梳髻为尚，有高髻、有分梳在两边的、有束在脑后的，但以下垂的为主，其名称有瑶台髻、迎春髻、垂云髻、盘桓髻、百合髻、同心髻等。传说东汉贵戚梁冀之妻孙寿所梳的堕马髻，就是一种稍带倾斜的发髻，与她的"愁眉"、"啼妆"等妆饰相配合，更能增加妩媚。此外，汉代妇女还把发髻盘成各种式样，并在髻后垂一束头发，名"垂髾"或"分髾"。发饰有笄、簪、钗、步摇等。古代妇女一向用笄固定发髻，簪、钗、步摇都是由笄发展而来。步摇是在簪子上加珠玉垂饰，走起路来一步一摇，故名步摇。其他饰品有耳饰、颈饰、臂饰、指环、带钩、佩玉等。

三、魏晋南北朝时期的服饰

这一时期，老庄、佛道思想成为时尚，"魏晋风度"也表现在当时的服饰文化中。宽衣博带成为上至王公贵族、下至平民百姓的流行服饰。男子穿衣袒胸露臂，力求轻松、自然、随意的感觉；女子服饰则长裙曳地，大袖翩翩，饰带层层叠叠，表现出优雅和飘逸的风格。

这时期，民族间战乱频仍，给人民带来了灾难，却也带来各民族服饰互相影响和渗透的机会。此时的服饰，一种为汉族服式，承袭秦汉遗制；另一种为少数民族服饰，袭北方习俗。汉族男子的服饰主要为衫。衫和袍在样式上有明显的区别，照汉代习俗，凡称为袍的，袖端

图2-13　戴梁冠、穿大袖衫的文吏
（顾恺之《列女图》局部）

图2-14　缚裤

应当收敛，并装有祛口。而衫子却不需施祛，袖口宽敞。魏晋时期的妇女服装承袭秦汉的遗俗，并吸收少数民族服饰特色，一般上身穿衫、袄、襦，下身穿裙子，款式多为上俭下丰，衣身部分紧身合体，袖口肥大，裙长曳地，下摆宽松。

（一）男子服饰

1. 衫

魏晋男子服装以长衫为尚，衫为宽大敞袖。衫与袍的区别在于袍有祛，而衫为宽大敞袖。由于不受衣祛限制，魏晋服装日趋宽博，褒衣博带成为这一时期的主要服饰风格，其中尤以文人雅士最为喜好，如图2-13所示。衫有单、夹二式，质料有纱、绢、布等，颜色多用白，白衫不仅用作常服，也可权当礼服。

2. 裤褶

裤褶实际上是一种上衣下裤的组合，它的基本款式是上身穿大袖衣，下身穿肥腿裤。裤褶原来是北方游牧民族的传统服装，到了南北朝时期，这种服装开始在汉族地区广为流行，裤口也越来越大，为了行动方便，于是，又派生出一种新的服式——缚裤。

3. 缚裤

缚裤是在裤褶的裤筒膝盖部位，以三尺长的锦缎丝带紧紧系扎，以便行动，时称"广袖褶衣"、"大口裤"，如图2-14所示，这样既符合汉族"广袖朱衣大口裤"特点，同时又便于行动，一时之间成为南北朝时期盛行的服饰。

4. 裲裆

裲裆是由军戎服中的裲裆甲演变而来。此衣类似坎肩，由前后两片组成，前为挡胸，后为挡背，肩上用带系结，腰用大带或皮革扎紧，长至臀以下，腰用大带或革带扎紧。裲裆内多衬袄襦或衫，下多穿大口裤，是男女都用的服式。妇女穿的裲裆，往往加彩绣装饰，起初穿在外衣里面，元康末开始用以外穿。

5. 冠、帽、巾帻

魏晋时期的冠帽也很有特色。汉代的巾帻依然流行，但与汉代略有不同的是帻后加高，体积逐渐缩小至顶，时称"平上帻"或叫"小冠"。小冠南北通行。如在这种冠帻上加以笼巾，即成"笼冠"。笼冠由武冠发展而来，是魏晋南北朝时期的主要冠饰，因以黑漆细纱制成，又称"漆纱笼冠"，其特点是平顶，两侧有耳垂，下边用丝带系结。

6. 蹀躞带

南北朝以后，一种新型的腰带"蹀躞带"代替了钩络带，"蹀躞"不用带钩，而用带扣，带钩便随之消失。蹀躞带本为胡制，带间有带环，以佩挂各种随身应用的物件。到唐代，曾一度被定为文武官员必佩之物，以悬挂算袋、刀子、砺石等七件物品，俗称"蹀躞七事"。

（二）女子服饰

魏晋妇女服饰多承汉制，一般妇女日常所服，主要为衫、袄、襦、裙、深衣等。除大襟外，还有对襟。领与袖施彩绣，腰间系一襜（也称蔽膝，是遮至膝前的短衣，即围裙），外束丝带。妇女服式风格，有窄瘦与宽博之别。

1. 燕裾

燕裾为汉魏时期的女服，由深衣演变而来。魏晋男子已不穿深衣，而深衣仍在妇女间流行，并有所发展。通常是在襜的下面裁制数个三角形，上宽下尖，层层相叠，围绕身体一周，似燕尾而得名，如图 2-15 所示。

图2-15　燕裾

2. 杂裾

杂裾为六朝时期女服的一种,由燕裾演变而来。在襜周围伸出两条或数条飘带（名为"襳"）,走起路来,因形似旌旗而又名曰"髾"。杂裾随风飘起,如燕子轻舞,故有"华带飞髾"的美妙形容。南北朝时,有些将曳地飘带去掉,而加长尖角燕尾,使服式又为之一变,如图2-16所示。

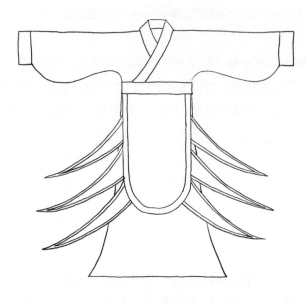

图2-16　杂裾

3. 帔

帔是始于晋代而流行于以后各代的一种妇女衣物,形似围巾,披在颈肩部,交于领前,自然垂下。延至后代又有所发展。

4. 发式

魏晋南北朝时期的妇女发式,与前代有所不同。魏晋流行的"蔽髻",是一种假髻,其髻上镶有金饰,非命妇不得使用。普通妇女除将本身头发挽成各种样式外,也有戴假髻的。不过这种假髻比较随便,髻上的装饰也没有蔽髻那样复杂。

四、隋唐五代时期的服饰

隋唐时期,中国由分裂而统一,由战乱而稳定,经济文化繁荣,对外交流十分频繁,文化艺术空前繁荣,中国传统服饰文化因此呈现出自信开放、雍容华贵、百美竞呈的局面。

此时的服饰制度上承历代的冠服制度,下启后世冠服制度之先河,成为影响宋、明各朝服饰制度的准则。隋炀帝时期下诏参酌古制,制订冠服制度,恢复了秦汉冕服制度,将十二章改成九章并放回到冕服上,日、月分列两肩,星辰列于后背,从此"肩挑日月,背负星辰"就成为后世历代帝王冕服的基本形制。唐高祖武德七年（公元624年）,朝廷颁行车与衣服之令，奠定唐代冠服制度的基础，对后世冠服也产生了深远的影响。例如在唐以前，黄色上下可以通服，唐代认为赤黄近似日头之色，日是帝皇尊位的象征，因此一律禁止官民穿黄，从此黄色就一直成为帝皇的象征。

隋唐时期男子冠服的特点主要是上层人物穿长袍，官员戴幞头，百姓着短衫。直到五代，变化不大。天子、百官的官服用颜色来区分等级，用纹饰表示官阶。隋唐女装最时兴的女子衣着是上着短襦或衫，下着长裙，佩披帛，加半臂，足登凤头丝履或精编草履。头上花髻，出门可戴幂。服装的裙腰系得较高，给人一种俏丽修长的感觉。

唐人善于融合西北少数民族和天竺、波斯等外来文化，唐贞观至开元年间，十分流行女子穿"胡服"。腰带形式也深受胡服影响，流行系"蹀躞带"，带上有金饰，并扣有短小的小带以作系物之用。这种腰带服用最盛是在唐代，以后延用一直至北宋时期。盛唐以后，胡服的影响逐渐减弱，服装的样式日趋宽大，到了中晚唐时期，这种特点更加明显。

唐代服装衣料多彩绚丽。彩锦是五色具备、织成种种花纹的丝绸，常用作半臂和衣领边缘服饰；宫锦花纹有对雉、斗羊、翔凤、游鳞等，可谓章彩华丽；刺绣有五色彩绣和金银线绣等；印染花纹分多色套染和单色染。

（一）男子服饰

隋唐时期，男子服装以圆领袍衫、幞头、纱帽为主，除重大祭祀典礼穿传统冠冕衣裳外，平时都穿这种服装。

1. **圆领袍衫**

圆领袍衫亦称团领袍衫，是隋唐时期士庶、官宦男子普遍穿着的服式，当被作常服，一般为圆领、右衽，领、袖及襟处有缘边，如图 2-17 所示。文官衣略长而至足踝或及地，武官

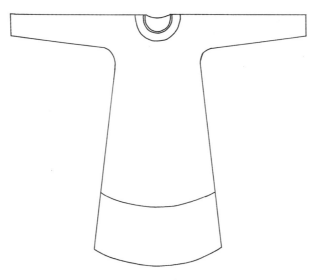

图2-17　圆领袍衫

衣略短至膝下。袖有宽窄之分，多随时尚而变异。官员的袍衫以颜色来区分等级。三品以上服紫，五品以上服朱，七品以上服绿，九品以上服青。袍服花纹，初多为暗花，至武则天时，赐文武官员袍绣对狮、麒麟、对虎、豹、鹰、雁等祥禽瑞兽纹饰，此举导致了后代官服上补子的风行。

2. 大袖衫

一般文人雅士或绅士、老者，皆好穿汉制宽衣大袖的深衣作为常服。

3. 幞头

幞头是这一时期男子最为普遍的首服，由民间的包巾演变而来。隋代在幞头之下另加巾子，以桐木、丝葛、藤草、皮革等制成，以保证裹出固定的幞头外形。初唐的幞头巾子较低，顶部呈平型，以后巾子渐渐加高，中部略为凹进，分成两瓣。中唐后，巾子更高，左右分瓣，几乎变成两个圆球，并有明显前倾。

幞头两脚，初似带子，自然垂下，至颈或过肩，后渐渐变短，弯曲朝上插入脑后结内，称为软脚幞头。中唐以后的幞头之脚，或圆或阔，犹如硬翅而且微微上翘，中间似有丝弦，以令其有弹性，称为硬脚，如图2-18所示。自中唐后，上至帝王、贵臣，下至庶人、妇女都戴幞头。唐末，幞头已经超出了巾帕的范围，成了固定的帽子。

4. 纱帽

隋唐的首服，除幞头外，还有纱帽，被用作视朝听诏和宴见宾客的服饰，在儒生、隐士之间也广泛流行。最典型的冠服为进贤冠，以梁的多少标志官阶身份。南北朝时期的小冠和漆纱笼冠在这个时期仍被使用，有些还被收进冠服制度。

图2-18　穿圆领袍衫，戴硬脚幞头的晚唐士人
（韩滉《文苑图》局部）

（二）女子服饰

隋唐五代时期的女子服饰，是中国服装史中最为精彩的部分，其冠服之丰美华丽，妆饰之奇异纷繁，都令人目不暇接，不仅超越前代，而且后世亦无可企及，可谓封建社会中一朵昂首怒放、光彩无比的瑰丽之花。

从总体上看，隋唐五代的服饰风俗，大致可分为两个时期，即隋至盛唐时期和中唐至五代时期。前一个时期趋向华贵，后一个时期趋向新异。唐女子盛行雍容丰腴之风，至五代，

被秀润玲珑之气所代替。

1. 襦

唐朝女子依隋旧制,喜欢上穿短襦,下着长裙,裙腰提得极高至腋下,以绸带系扎。上襦很短为唐代女服特点,如图 2-19 所示。盛唐时有袒领,初时多为宫廷嫔妃、歌舞伎者所服,后来,仕宦贵妇也纷纷效仿。袒领短襦穿着时可露出女性的乳沟,这是中国服饰史中比较少见的服式和穿着方法,如图 2-20 所示。

2. 衫

衫较襦长,多指丝帛单衣,质地轻薄柔软,与可夹可絮的襦、袄等上衣有所区别,也是女子常服之一,如图 2-21 所示。

3. 裙

裙是当时女子非常重视的下裳,多为高腰或束胸,裙料以丝织品为主,用料有多少之别,通常以多幅为尚。隋及唐前期流行窄身、贴臀、宽摆齐地的样式。中唐以后,又宽又长的裙子成为时尚的主流,如图 2-22 所示。裙色可以尽人所好,多为深红、杏黄、绛紫、月青、草绿等,其中以石榴红裙流行时间最长。

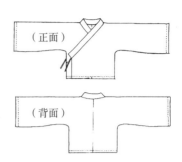

图2-19 齐胸短襦示意图

图2-20 穿半臂、袒领大袖衣裙的贵妇

(a)穿大袖纱罗衫、长裙、披帛的贵妇(周昉《簪花仕女图》局部)

(b)大袖纱罗衫、长裙、披帛示意图

图2-21 唐代罗衫

图2-22　穿襦裙、披帛的妇女（张萱《捣练图》局部）

4. 半臂与披帛

半臂似今短袖衫，因其袖子长度在裲裆与衣衫之间，故称其为半臂，如图 2-23、图 2-24 所示。披帛，当从狭而长的帔子演变而来。后来逐渐成为披之于双臂、舞之于前后的一种飘带了。

图2-23　穿窄袖短襦、袒领半
　　　　臂及长裙的妇女

图2-24　交领半臂示意图

5. 女着男装

女着男装，即全身仿效男子装束，是唐代女子服饰的一大特点。女子着男装，于秀美俏丽之中，别具一种潇洒英俊的风度，如图 2-25 所示。这说明，唐代对妇女的束缚明显小于其他封建王朝。

图2-25　裹幞头、穿圆领袍衫的妇女（张萱《虢国夫人游春图》）

6. 女着胡服

女着胡服即上戴浑脱帽、身着窄袖紧身翻领长袍、下着长裤、足蹬高勒革靴。受胡舞（胡旋舞、浑脱舞、柘枝舞）的影响，女穿胡服成为唐代女装的又一大特点，如图 2-26 所示。

7. 发式与面靥

妇女的首饰和面饰也趋向繁杂，除崇尚高髻和繁多的簪钗花钿外，使用了梅花妆、额黄、时世妆（啼妆）等新奇的面饰，如图 2-27 所示。

8. 鞋履

与襦裙相配合的鞋子式样是麻线编织的圆头履。隋至中唐的女子为天足，鞋式与男子无大差别，只是女子足服中多凤头高翘式履，履上织花或绣花。唐末五代时，出现女子裹足的装饰方式。

图2-26 穿胡服的侍女

图2-27 "黛眉妆"妇女

图2-28 戴帷帽的女子

9. 冠帽

唐代女子首服流行的先后次序依次是：幂篱、帷帽、胡帽、浑脱帽。

（1）幂篱：幂篱来自北方民族。初唐女子出门时戴幂篱，是为避免生人见到容貌。

（2）帷帽：帷帽始创于隋。如图 2-28 所示，此帽一般为高顶宽檐笠帽，帽檐下有一圈透明纱罗帽裙，较之幂已经浅露芳姿。因此初行时，曾因"过为轻率，深失礼容"而受到朝廷干预。但唐代女子并未满足这种隔纱观望的帷帽式，后索性去掉纱罗，不用帽裙或不戴帽子而露髻驰骋。

（3）浑脱帽：胡服中首服的主要形式。唐时用较厚的锦缎或乌羊毛制成，帽顶呈尖形。

五、宋代服饰

宋朝建立于公元960年，统一的社会局面带来了宋朝经济的繁荣。"偃武修文"的基本国策，使程朱理学逐步居于统治地位，在这种思想的支配下，人们的美学观念也相应发生变化，服饰开始崇尚俭朴，重视沿袭传统、朴素和理性。

（一）男子服饰

宋代的男子服装基本上是沿袭晚唐、五代的遗俗。官员公服由袍衫、幞头、革带、革履组成。文人雅士仍是袍衫宽大，裤肥宽，头带幅巾；而下层劳动者及卑仆贱役的服装，是短衣缚裤，麻履皂巾，衣衫比以前各个时期的都短。

1. 袍衫

宋代公服皆为圆领袍衫，袍有宽袖广身和窄袖紧身两式，以袍衫纹样、质料、颜色分等级。襕衫也属于袍衫的范围，故又称"襕袍"。襕衫为圆领、大袖，长度过膝，下施横襕以示上衣下裳的旧制，如图2-29、图2-30所示。其式初见于唐代，流行于宋代。

图2-29　穿襕袍的官吏

图2-30　直角幞头、襕袍、玉带示意图

2. 直掇

直掇是宋代男子的常用服式，对襟大袖，后背中缝直通到底，也有说长衣而无襕者称直掇，亦称直身。

3. 方心曲领

从宋代开始，凡穿朝服，项间必套一个上圆下方、形似缨珞锁片的饰物。其功能有防止衣领雍起的压贴作用，如图 2-31 所示。

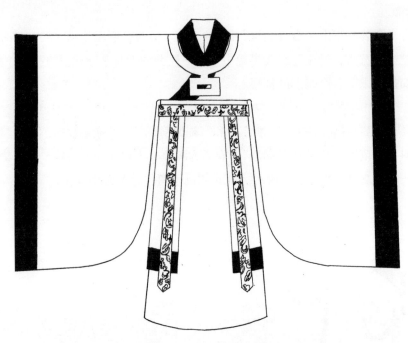

图2-31 佩方心曲领示意图

图2-32 扎巾、穿衫的士人

4. 革带与佩鱼

革带在宋代是区分官职高低的配饰物，因其上的牌饰不同，有玉带、金带之称。在宋代，凡有资格穿紫、绯色公服的高级官员，都必须佩戴用金、银装饰的鱼形"鱼袋"。

5. 幞头

幞头是宋代官员的主要首服，以直脚为多，长如直尺。与唐相比，宋幞头少了爽利便捷之气，多了仪态威严之感。另有交脚、曲脚幞头，为仆从、公差或卑贱者服用。另有其他形状与色彩的幞头用于不同场合。

6. 幅巾

幅巾多为普通百姓戴。幅巾并非正式的头衣，而是燕居装束。一般文人、儒生以裹幅巾为雅，如图 2-32 所示。巾在宋代名目繁多，有东坡巾、山谷巾、云巾、葛巾、仙桃巾等。

7. 襦、袄

百姓大都穿襦、袄等短衣，紧腿、缚鞋，以便于劳作。宋时对工匠、商贩所着服饰各有规定，俗称"百工百衣"。

（二）女子服饰

宋代妇女服装，一般有襦、袄、衫、背子、半臂、背心、抹胸、裹肚、裙、裤等，其中以背子最具特色和盛行。宋代女装一改唐风，风格趋于修长、纤细、朴素无华。

1. 背子

背子（或作褙子）又名绰子，宋代上至皇后贵妃，下至侍从乐人及男子燕居均喜服用，士庶妇女平时更以服背子为主。其样式为直领对襟，前襟不施纽襻，袖有宽窄二式，衣长有齐膝、膝上、过膝、齐裙至足踝几种，长度不一。另在左右腋下多开长衩，衣襟敞开，任其露出内衣，如图2-33所示。也有不开侧衩的。

2. 襦、袄

襦、袄为日常服用衣式。襦和袄是基本相似的衣着，形式比较短小，下身配裙子。袄大多内加棉絮或衬以里子，比襦略长，且腰袖宽松。

3. 衫

衫为单层，以夏季穿着为主，袖口为敞式，长度不一，一般为纱罗制成。对襟大袖衫配披帛、长裙，这是晚唐、五代时遗留下来的服式，在北宋年间依然流行，为贵族妇女所穿，是礼服的一种，如图2-34所示。

图2-33　背子示意图

图2-34　对襟大袖衫、披帛、长裙示意图

图2-35 穿襦裙、披帛、缀
玉环绶的宫女

图2-36 卷起裙子、穿长
裤劳动的妇女

4. 半臂与背心

宋妇女仍着半臂或背心，两者样式近似，通常为对襟，但半臂有袖而短，背心无袖。背心实为裲裆演化而来，长及腰部，呈长方形，对襟，下摆开衩。

5. 裙

裙是妇女常服的下裳，在保持晚唐、五代遗风的基础上，宋代时兴"千褶"、"百迭"裙，形成特点。其裙式修长，裙腰自腋下降至腰间的样式已很普遍。腰间系以绸带，并佩有环绶垂下，如图2-35所示。

6. 裤

宋代女子穿裤已有露于裙外的，如图2-36所示。也有单着裤而不着裙的。当时将有裆的裤子外穿多为身份卑微的女子。贵族女子仍多在裙内着无裆之裤。

7. 花冠

宋女子首饰除传统的簪、钗、步摇、梳篦外，还盛行花冠，通常以花鸟状簪钗、梳篦插于发髻之上，无奇不有。

8. 缠足

女子缠足一般认为始于五代时南唐后主宫嫔，至宋时，女子缠足已成为儒家礼教的一部分，小脚成为衡量女子仪容姿态的标准。小脚蕴涵着的性意味使其成为男子爱怜赏玩的对象。

宋代服装衣料以丝织品为主，品种有织锦、花绫、纱、罗、绢、缂丝等。宋代的纹样风格与唐代截然不同，对后世明清时期的影响非常明显，服饰纹样造型趋向写实，构图严密。无论从题材到造型手法，几乎都形成了一种程式。

六、辽、西夏、金、元服饰

辽、西夏、金及元代的服饰分别具有契丹、党项、女真及蒙古民族的特点。各民族服饰再度交流与融合。

（一）西夏

党项族妇女多着翻领胡服，领间刺绣精美。

（二）辽、金

契丹族、女真族服装一般为左衽，男子穿圆领、窄袖、齐膝长袍,下穿裤,裤放靴筒之内,宜于马上作战射猎。女子窄袖袍衫,长及足背,在袍内着裙,也穿长筒皮靴。辽金政权考虑到与汉族杂处共存的现实,都曾设"南官"制度,以汉族官员治境内汉人,对汉族官员采用唐宋官服旧制。辽代以丝绸官服上山水鸟兽刺绣纹样区分官品,影响到明清官服的等级标志,金代则以官服上花朵纹样、大小定尊卑。

（三）元

　　元代地域辽阔,民族混杂,各种文化交相辉映,既有农耕文化,也有草原文化;既有中原文化,又有西亚伊斯兰文化、欧洲基督教文化,这就造成了元朝服饰的多样化。

　　汉族官员服式仍多为唐式圆领袍衫和幞头;蒙古族官吏则戴笠帽,穿大袖、盘领、右衽长袍。其职位级别以服装的颜色及纹样上表示。平日燕服,多穿窄袖袍,如图2-37所示。中下层为便于马上驰骋,最时兴穿腰间多褶的辫线袄子,戴笠帽。蒙古族贵妇带"顾姑冠",穿宽大且长的袍,如图2-38所示。

图2-37　窄袖锦袍、笠帽、云肩、缎靴示意图

图2-38　戴顾姑冠、穿交领织金锦袍的皇后

　　元代纺织物有纳石矢金锦、浑金搭子、金缎子等,种类繁多。

七、明代服饰

　　明朝从蒙古贵族手中夺取政权,对整顿和恢复汉族礼仪非常重视,将服饰制度重新规定。

明太祖下诏：衣冠悉如唐代形制。废元服制、上采周汉、下取唐宋；认为古代五冕之礼太繁，决定"祭天地、宗庙，服衮冕；社稷等祀，服通天冠，绛纱袍。余不用"。

（一）男子服饰

明代男子服装以袍衫为尚，服式主要有：直身、罩甲、襕衫、裤衫、裤褶等，多承袭前代，仅在色泽、长短上有所变化。

1. 明代公服

明代公服由团领衫、补子、幞头构成。团领衫为盘领右衽袍，袖宽三尺，如图 2-39 所示。幞头在明代已成为统治阶级的专用头衣。常服中的幞头称"乌纱帽"，前低后高，圆顶，翅钝圆，帽内用网巾束发，如图 2-40 所示。

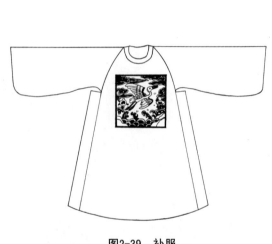

图2-39　补服

图2-40　穿着补服、戴乌纱帽的明代官员

2. 直裰（直身）

此为右衽、大袖的宽敞袍式，背中缝直通到底，大多为士人穿着，明时僧道亦服。明初儒生都穿蓝色四周镶黑色宽边的直裰，时称蓝袍。

3. 罩甲

罩甲是超短袖、对襟或大襟，长度在膝下到足背之间，衣身紧窄的式样。

4. 巾帽

一般人常用巾和帽，除唐宋以来旧样依然流行外，朱元璋又亲自制订两种颁行全国，士庶通用。一种是方桶状黑漆纱帽，称"四方平定巾"，如图 2-41 所示；一种是由六片合成的半球形小帽，称"六合一统帽"，取意四海升平、天下归一。后者留传下来，俗称瓜皮帽，用黑色绒、缎等制成。

图2-41　戴四方平定巾、穿大襟袍的男子

（二）女子服饰

　　明代女子服饰主要有衫、袄、霞帔、比甲、裙子等。命妇服由凤冠、霞帔、大袖衫、背子组成。上衣和裙的长短变易时常，衣式亦窄亦宽，四方服饰都仿京师，后趋效南方，以淡雅朴素为尚。明代衣衫及领已有用纽扣者。与唐代女装不同的是，明朝女装风格修长、窈窕，但同样有着变化极丰富的式样。

1. 凤冠、霞帔

　　凤冠是一种以金属丝网为胎、上缀点翠凤凰并挂有珠宝流苏的礼冠。后妃的凤冠除缀凤凰外还缀龙，如图 2-42 所示。普通命妇的彩冠仅缀花钗。霞帔是一种帔子，像一条彩带绕过头颈，披挂在胸前，下坠一颗金玉坠子。宋代，霞帔成为贵妇礼服，明代因袭不改，对不同品级命妇的霞帔纹样有严格规定。

2. 背子（褙子）

　　背子贵贱皆服，样式为对襟，左右两开衩，有宽袖和窄袖两式，对襟、大袖为贵妇礼服；对襟、小袖为普通妇女便服。品级纹样基本与霞帔相同。

图2-42　凤冠、霞帔（明太宗孝文皇后像）

图2-43　比甲

3. 比甲

比甲形似背子而无袖，比后来的马甲、坎肩要长，罩在衫袄之外。明代比甲大多为年轻妇女所穿，而且多流行在士庶妻女及奴婢之间，如图 2-43 所示。到了清代，这种服装更加流行，并不断有所变革，后来的马甲就是在此基础上经过加工改制而成的。

4 水田衣

明代水田衣是一般妇女服饰，是一种以各色零碎锦料拼合缝制成的服装，形似僧人所穿的袈裟，因整件服装织料色彩互相交错形如水田而得名。

明代纹样中最具特色的当属吉祥纹样的运用，到了图必有意、意必吉祥的地步。吉祥纹样是中国传统文化的重要部分，成为反映民族精神和民族旨趣的标志之一。明代的丝绸通过海路运至海外。在商贸往来中，世界各地的文化得以交流，各民族的发明创造得以互相传播，从而丰富了各国的文化内涵，并进一步促进了人类文明的发展。

八、清代服饰

清王朝以暴力手段推行剃发易服、按满族习俗统一男子服饰的政策。顺治九年，钦定《服色肩舆条例》颁行，从此废除了汉民族色彩浓厚的冠冕衣裳。

（一）男子服饰

清代男子服饰基本以满服为模式。官员一般头戴暖帽或凉帽（有花翎、朝珠），身穿袍、补服、长裤，脚着靴；士庶通常头戴瓜皮帽，身着长袍、马褂，掩腰长裤，腰束带，挂钱袋、扇套、小刀、香荷包、眼镜盒等，脚着白布袜、黑布鞋；体力劳动者则头戴毡帽或斗笠，着短衣、长裤（扎裤脚），罩马甲或加套裤，下着蓬草鞋，这种服式延续至 20 世纪下半叶。

1. 长袍

长袍多开衩。皇族用四衩，官员开两衩，平民不开衩。开衩的大袍，也叫"箭衣"，袖口有突出于外的"箭袖"，因形似马蹄，又俗称为"马蹄袖"。马蹄袖平日绾起，出猎作战时则放下，覆盖手背，冬季可御寒。龙袍只限于皇帝穿，如图 2-44 所示。一般官员以蟒袍为贵，蟒袍又谓"花衣"。以蟒数及蟒之爪数区分等级，此外

图2-44　乾隆皇帝着朝服像

还有颜色禁例。

2. 补褂

补褂多穿在外，又称外褂。其形如袍但略短，对襟，袖端平，颜色多用石青，在胸背正中绣方形或圆形补子。补子图案与明代补子略有差异。补褂是清代官服中最重要的一种，穿用场合很多，如图2-45所示。

3. 马褂

马褂罩在袍外，长仅及腰，原为军中服饰，因便于骑马，故称马褂。康熙末年，富家子弟开始穿着。至雍正时，穿者日多。以后传至民间，不分贵贱，逐渐作为一种礼服。马挂有对襟、大襟、琵琶襟等式样，如图2-46所示。

图2-45　穿冬季补褂的官吏　　　图2-46　穿对襟马褂的官吏

4. 坎肩（背心、马甲）

坎肩为无袖短衣，有单、夹、棉、皮等几种，是满族服装特色之一，男女均服，清初时多穿于内，晚清时讲究穿在外面。女子的坎肩多用布制，四边镶有彩条。另外，满族坎肩的样式也很多，常见的有对襟、琵琶襟、大襟等。还有一种称为巴图鲁坎肩，四周镶边，于胸前横行一排扣子，共十三粒。

5. 披领

披领加于颈项而披之于肩背，形似菱角。上面多绣以纹彩，用于官员朝服，冬天用紫貂或石青色面料，边缘镶海龙绣饰。夏天用石青色面料，加片金缘边。

6. 帽

夏季有凉帽，冬季有暖帽，如图 2-47 所示。职官首服上必装冠顶，其料以红宝石、蓝宝石、珊瑚、青金石、水晶、素金、素银等区分等级。官员燕居及士庶男子多戴瓜皮帽。

（a）暖帽　　　　　　　　　　　　　　　　　　　（b）凉帽

图2-47　清代官员冠帽

（二）女子服饰

清初，在"男从女不从"的约定之下，满汉两族女子基本保持着各自的服饰形制。

满族女子服饰中有相当部分与男服相同，汉族女子的服饰基本上与明代末年相同，后来在满汉女子的长期接触之中，相互影响，不断演变，形成清代女子服饰特色。

1. 满族女子服装

满族命妇礼服与男子朝服基本相同，唯霞帔为女子专用，如图 2-48 所示。其形制阔如背心，霞帔正中绣补子，下垂流苏。其纹样视丈夫的品级而定。武官的妻、母不用兽纹，而用鸟纹。满族妇女的常服为长袍，其样式为圆领、大襟，袖口平大，长可掩足。外面往往加罩短的或长及腰间的坎肩，如图 2-49 所示，也有罩穿马褂的。贵族妇女的长袍，多用团龙、团蟒的纹饰，一般人则用丝绣花纹。长袍的袖端、衣襟、衣裾等镶有各色花绦或彩牙儿。领与袍分离，是清代初期旗袍的又一特色。妇女穿旗袍时也需戴领子。这是一条叠成约两寸宽的绸带子，围在脖上，一头掖在大襟里，一头垂下，如一条围巾，如图 2-50 所示。至同治、光绪时期，逐渐出现带领的袍、褂，甚至坎肩也有领子。领的高低也在不断变化。民国以后，已经没有不带领的袍、褂了。这种长袍以后演变为汉族妇女的主要服装——旗袍。

图2-48　霞帔

图2-49 穿旗袍、琵琶襟坎肩的贵妇   图2-50 梳两把头、穿旗袍、戴领巾的贵妇

2. 汉族女子服装

汉族命妇礼服承明朝制度，戴凤冠霞帔，霞帔中间绣有禽纹的补子。常服一般穿披风、袄、裙。披风就是斗篷，是无袖、不开衩的长外衣，有长短两式；其领子有抽口领、高领和低领三种，男女都穿。里面为上袄下裙。裙子初期还保存明代的遗俗，有百褶裙、马面裙、凤尾裙、月华裙等式样。清后期，又流行不穿裙而着长裤，裤多为绸缎制作，上面绣有花纹。另外还有背心，长可及膝下，多镶绲边。云肩是女子披在肩上的装饰物，如图 2-51 所示。

图2-51 戴云肩、穿裙的汉族妇女（杨柳青年画）

3. 发式

满女梳两把头，满族人称"达拉翅"。汉女留牡丹头、荷花头等。清中期，汉女仿满宫女，以高髻为尚，清末，又以圆髻梳于后。

4. 鞋

旗女天足，着木底鞋，高跟装在鞋底中心。汉女缠足，着木底弓鞋，鞋面多刺绣、镶珠宝。

清代织物纹样，多以写实手法为主，龙狮麒麟百兽、凤凰仙鹤百鸟、梅兰竹菊百花以及八宝、八仙、福禄寿喜等都是常用的题材，色彩鲜艳复杂，图案纤细繁缛，层次极其丰富。

（三）太平天国服饰

1. 男子服饰

（1）龙袍：除天王可穿之外，其他官员须根据场合穿着。

（2）首服：朝帽缀有龙纹。

2. 女子服饰

女子身穿圆领、紧身、阔下摆长袍，用一块红绸或绿绸扎于腰际，下摆开衩，不着裙子而直接着肥腿裤。袄、袍等边缘镶很宽的边饰。太平天国女子天足，着布鞋。

九、20 世纪前半叶的汉族服装

20 世纪前半叶，辛亥革命结束了两千多年的封建君主制，中华民族的服饰进入了新时代。这不仅是由于时代变化，也是西方文化冲击产生的必然结果。辛亥革命使得近三百年辫发陋习尽废，也废弃烦琐衣冠，并逐步取消了缠足等对妇女束缚极大的习俗。民国初年，出现了西装革履与长袍马褂并行不悖的局面。20 世纪 20 年代，孙中山创制了一套具有我国民族特点的简便服装——中山装，此后逐渐在城市普及。妇女喜爱旗袍，旗袍逐渐成为时装而兴盛不衰。20 世纪 30 年代时，妇女装饰之风日盛。

（一）男子长袍与西服

这时期，男子服装主要为长袍、马褂、中山装及西装等，虽然取消了封建社会的服饰禁例，但各阶层人士的装束仍有明显不同。

1. 中年人及公务人员

此类人士多穿长袍、马褂，头戴瓜皮小帽或罗宋帽，下身穿中式裤子，脚蹬布鞋或棉靴。

2. 青年或从事洋务者

此类人士多穿西服、革履，戴礼帽。礼帽为圆顶，宽阔帽檐微微翻起，冬用黑色毛呢、夏用白色丝葛制成，成为与中、西服皆可配套的庄重首服。

3. 资产阶级进步人士和青年学生

此类人士多穿直立领、胸前一个口袋的学生装，头戴鸭舌帽或白色帆布阔边帽。

4. 中山装

孙中山设计的中山装兼具中西装之所长。它是以广东便服为基样，变直领为翻领，如同将西装内衬衣的硬领"移植"过来。这样使上衣就兼具了西装上衣、衬衣和硬领的功用，穿起来十分挺括。衣身上有四个明袋，如此"双双"、"对对"，具有均衡对称之感，符合中国人的审美观点。四个衣袋上加上袋盖，各钉纽扣一枚，既美观又安全。下面采用的两个明袋能收张自如，便于放置书本、笔记本等必需品。

长袍、西裤、礼帽、皮鞋均为 20 世纪 30 ~ 40 年代较为时兴的装束，也是中西结合非常成功的服饰。

（二）女子袄裙与旗袍

这时期女子服饰变化很大，出现了各式袄裙，旗袍也在不断改革之中。

1. 袄裙

民国初年，由于留日学生较多，国人服装样式受到很大影响，青年女子多穿窄而修长的高领衫袄和黑色长裙，不施纹样，不戴簪钗、手镯、耳环、戒指等饰物，以区别于 20 世纪 20 年代以前的清代服饰而被称为"文明新装"，如图 2-52 所示。

2. 旗袍

旗袍本意为旗女之袍，实际上未入八旗的普通人家女子也穿这种长而直的袍子，20 世纪 20 年代初普及到满汉两族女子，其袖口窄小，边缘渐窄。20 年代末，长度缩短，腰身收紧，形成改良旗袍。改良之后，仍不断变化。如图 2-53 所示。

图2-52　穿"文明新装"的妇女

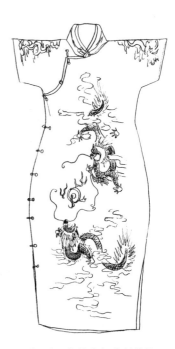

图2-53　银绣云龙纹高领中袖旗袍

十、20 世纪后半叶的服装

（一）中华人民共和国成立初期至"文化大革命"期间

　　服装的发展往往与政治的变革、经济的发展有很大关系。1949 年中华人民共和国成立，标志着旧的生活方式结束，与之相关的一些文化现象也随之消失，服装则首当其冲。中华人民共和国成立不久，北京处于经济发展的起步时期，工人、农民的政治经济地位有了很大提高，全市人民全心地投入经济建设工作中。这时穿长袍、马褂和西服的人已经很少了，社会风气变成以朴素为美。

　　1949 年初，北京和平解放，大批的解放军、干部开始进城。进城的干部多穿灰色的中山装，北京的青年学生怀着革命的热情，首先效仿穿起这种象征革命的服装。随后，各行各业的人们纷纷效仿，很多人把长袍、西服改做成中山装或军服。20 世纪 50 年代到 60 年代初，男装以中山装和中山装发展的体系为主，如人民装、军便装、青年装等。女装则有列宁装、女式两用衫及布拉吉等。"文化大革命"期间，男女都以中山装、红卫装、军装、西裤、衬衫为主。

　　这一时期，社会提倡的服饰始终基于经济、实用、朴素、大方的原则。人们在穿着服装时主要考虑服装穿的时间要比较长、省工省料、布料结实、色彩不宜太鲜艳、便于劳动等。这个时期的服装款式、色彩都比较单调。

1. 列宁装

　　列宁装式样为翻领，双排五粒扣，有一对带盖的插袋或贴袋，腰间束腰带。列宁装或多或少带有装饰性元素——双排纽扣，驳头可翻开形成大翻领，腰带有助于衬托女性腰部线条，如图 2-54 所示。

2. 干部服（人民装）

　　20 世纪 50 年代，人们根据中山装和列宁装的特点，综合设计出"人民装"（不用贴袋，只有三只口袋），后来又出现"青年装"、"军便装"。

3. 红卫兵装

　　"文化大革命"时男女均服红卫兵装，实际上是黄绿色的旧军装。青年人穿上父辈的旧军装再佩以"红卫兵"臂章，以示"红色接班人"。典型的红卫兵装束是旧军装、旧军帽、武装皮带、军挎包、毛泽东像章、"红卫兵"袖章等，如图 2-55 所示。

4. 军便装

　　整体设计以中山装为基础，上、下共四只挖袋，上口袋袋盖是暗扣，盖里有扣襻。军便装流行于"文化大革命"及其后期。

5. 布拉吉

　　在俄语中，"布拉吉"就是连衣裙的意思，由于俄罗斯连

图2-54　列宁装

衣裙的特有特色，所以中国直接将这种俄罗斯风格的连衣裙叫做布拉吉。布拉吉是一种短袖连衣裙，而不是无袖或吊带的，被认为有别于"资产阶级作风"的连衣裙，如图2-56所示。

图2-55 红卫兵装

图2-56 布拉吉

（二）20 世纪 70 年末以后

20 世纪 70 年代以后，伴随着改革开放的大门敞开，人们的审美意识和审美视野也被唤醒和敞开了。时装作为西方文化的一部分，开始随着现代科学技术涌入中国。1985 年是我国服装发展中具有里程碑意义的一年，就在这一年伊夫·圣·罗朗、皮尔·卡丹、小筱顺子三位国际级的服装设计师先后来到我国首都北京进行时装展览和展示，拉开了中外服装文化和时尚的交流序幕。中国的服装企业和设计师在这种国际服装文化的交流中得到了启迪，也拓展了艺术视野，大批的服装企业和设计师以此为动力开始了服装创业之路，中国服装进入多元化发展时代。

1. 20 世纪 70～80 年代

走出精神禁锢的人们开始追求个性解放了。花衬衣穿起来，花裙子飘起来。喇叭裤、蛤蟆镜成为改革开放初期青年们争相效仿的时尚衣着。这一时期，先是港台、后是欧美，各式潮流纷纷涌现，表现在穿衣戴帽上则是色彩纷呈、风云迭起。先是喇叭裤（图 2-57）、猎装、太空装风靡一时，此后，西装、夹克成为男士们的时兴服装。女装流行蝙蝠衫、牛仔裤、脚蹬裤，如图 2-58 所示。西服三件套、百褶裙、迷你裙、公主裙是女孩的时髦装束。

2. 20 世纪 90 年代

吊带裙、超短裙、露肚脐的半截装、短背心成为身段苗条的年轻女孩的挚爱。国际时装界掀起阵阵"中国热"，由旗袍演变而来的时装层出不穷。

图2-57　戴蛤蟆镜、穿喇
叭裤的男子

图2-58　穿脚蹬裤的女子

　　进入 21 世纪，从众的着装观念逐渐被追求个性化所取代。现代人要求服装质地天然、风格休闲、变化多端、趣味横生。穿出创意、穿出灵气、穿出个性，要打破一切框框，冲破所有的约束，借用一切可能的元素打造属于自己的形象成为人们的穿衣目标。女孩按照符合自身心灵需要的标准选择服装，男装也更加时尚、个性、休闲。在这个开放的环境里，时尚潮流空前多元化、个人化。

■思考题

1. 对比春秋战国时期的深衣与胡服，简述两者的主要差别。
2. 简述中国秦汉时期服装的特点。
3. 简述中国隋唐时期服装的特点。
4. 简述中国清代服饰特点。

第三章　服装的构成

第一节　服装材料

选择服装材料是每一位设计师必须掌握的能力，服装设计最终是以材料来表现作品的，设计师要学会运用材料在人体上"包装"，以达到服装设计的目的。现代的服装设计已把材料推向一个极为重要的位置，它不是简单地把材料过渡到人体上，而是充分利用各种材料不同的性能，进行科学、艺术的设计，使服装作品更富有实用价值和审美价值。服装材料的选择和使用，决定了作品造型的效果，同时材质的美感也表现出人衣交织的奇妙美感，不同材料的触感、质感、量感、肌理等性能都为设计师带来灵感。服装设计的创作有时也受到材料的启发，这种创意往往在另一层面上丰富了设计语汇，扩大了服装设计的表现力。

服装材料的选择运用，已逐渐脱离过去陈旧的观念，从单一性的面料延伸至多元化的综合性材料的范围。从狭义的角度讲，服装是用天然和化纤纺织品为原料制作的。而从广义的角度划分，服装材料不仅仅是由纺织品组成的，它还包括了多种原料，如皮革、塑料、橡胶、木材、金属、纸制品等综合材料。因此，多元化的材料为服装设计师开阔了衣料来源的广阔空间。

一、服装用纤维

服装材料可以根据原料的来源分为天然纤维和化学纤维两大类。

（一）天然纤维

天然纤维指从自然界原有的或经人工培植的植物上、人工饲养的动物上直接取得的纺织纤维。

1. 植物纤维

植物纤维主要组成物质是纤维素，因此又称为天然纤维素纤维。根据在植物上生长的部位的不同，分为种子纤维、叶纤维和茎纤维。

2. 动物纤维

动物纤维主要组成物质是蛋白质，又称为天然蛋白质纤维，分为毛和腺分泌物两类。

3．矿物纤维

矿物纤维主要成分是无机物，因此又称为天然无机纤维，为无机金属硅酸盐类，如石棉纤维。

（二）化学纤维

化学纤维指用天然的或人工合成的高分子化合物为原料经化学纺丝而制成的纤维，可分为人造纤维、合成纤维。

1．人造纤维（再生纤维）

人造纤维是用纤维素、蛋白质等天然高分子物质为原料，经化学加工、纺丝、后处理而制得的纺织纤维。

2．合成纤维

合成纤维是用人工合成的高分子化合物为原料经纺丝加工制得的纤维。

（三）纤维的分类

纤维分类见图 3-1。

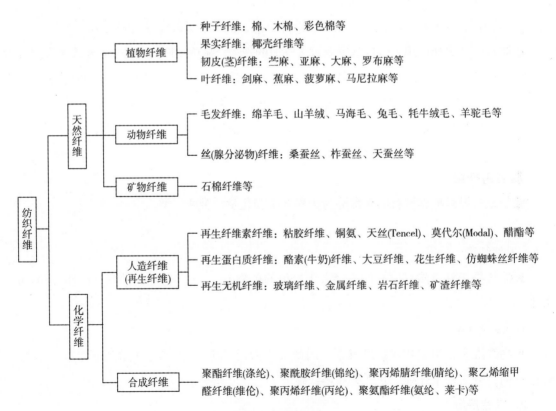

图3-1　纤维分类

二、服装用织物

服装用织物可根据其加工方式分为机织物、针织物和非织造物。

（一）机织物

在织机上由经纬纱按一定的规律交织而成的织物，称为机织物，又称机织物。机织物的组织结构包括平纹组织、斜纹组织、缎纹组织三类，简称"三原组织"。

（二）针织物

针织物是由纱线通过有规律的针织运动而形成线圈，线圈和线圈之间互相串套起来而形成织物。所以，线圈是针织物的最小基本单元。这也是识别针织物的一个重要标志。就其编织方法而言，可以分为纬编和经编两大类。针织物可使用的原料比较广泛，包括棉、毛、丝、麻、化纤及它们的混纺纱或交并纱等。

（三）无纺织物

又称非织造布、无纺布、不织布，是指不经传统的纺纱、织造或针织工艺过程，而是由一定取向或随机排列组成的纤维层或由该纤维层与纱线交织，通过机械钩缠、缝合或化学、热熔等方法连接而成的织物。与其他服装材料相比，无纺织物具有生产流程短、产量高、成本低、纤维应用面广、产品性能优良、用途广泛等优点。无纺织物的发展速度很快，已成为一项新兴的产业，越来越多地用于服装行业的各个领域。

三、常用服装面料和辅料

凡是用来制作服装的材料统称为服装材料。服装材料可根据其在服装构造中所起的主次作用，分为面料和辅料。

（一）常用服装面料

面料是构成服装的基本用料和主要材料，对服装的造型、色彩、功能起主要作用，一般指服装最外层的材料。

1. 天然纤维织品

（1）棉织物：由棉纤维纺纱、制织而成的面料，具有保暖性好、吸水性强、透气、耐磨、柔软舒适的性能，棉花产量高、价格低、环保性强，是最为普及的大众化面料。棉制物品种非常多，常用的有平纹类的平布、麻绸，斜纹类的卡其、华达呢，缎纹类的直贡缎、横贡缎，色织布类的牛津布、劳动布，起绒类的平绒、灯芯绒等，可供一年四季选择穿用。不同的棉织物由于织造与后整理的不同而具有不同的风格特征，如平布的质地紧密、细腻平滑；斜纹布、牛津布厚实粗犷、立体性强；高级府绸细密轻薄、手感柔滑；平绒布外观平整、不易起皱，此外，还有如皱绸般表面凹凸不平的棉布。

①平布：经纬向强力较为均衡，布面平整，结实耐穿。细平布适宜做衬衫、床单等；中平布适宜做衬衫、床单，还可做衬料、袋料等辅料；粗平布适宜制作风格粗犷的服装；原色布可做衬料。

②府绸：府绸是一种高支高密的平纹棉织物，是棉布中的高档品种，其质地细密，布身滑爽，纹路清晰，富有光泽，有丝绸感。府绸主要用于男女衬衫，也用于手帕、床单、被褥等。

③卡其：卡其密度是斜纹织物中最大的一种，其织物结构紧密，坚牢耐磨，平整挺括，手感硬挺。由于织物密度大，因此，在染色时染料不易渗透，易出现磨白现象。卡其可用作外套、夹克、风衣、裤料等。

④平绒：平绒是由复杂组织中的双层组织织成，其布面绒毛平整丰满，光泽足，手感柔软，富有弹性，布身厚实，保暖性强，耐磨性好。平绒适宜制作妇女秋冬夹衣、外套、鞋帽，还可用于装饰用的幕布及桌布。

（2）麻织物：由麻植物纤维织制而成的面料，主要有亚麻、苎麻两种。麻织物强度高，吸水性好、凉爽挺括，质地优美，色彩一般比较浅淡、朴实，但褶皱恢复性能较差，所以使用范围较受局限，可用来表现粗犷古朴、随意自然的风格。按所使用的原料分，可把麻织物分为苎麻、亚麻、大麻、罗布麻织物。

（3）毛织物：以动物毛为原料制成的面料，主要有羊毛织物、兔毛织物、驼毛织物等，其中以绵羊毛使用最广。毛织物具有良好的保湿性和伸缩性，其布面光洁、手感柔软、褶皱回复性较好，感觉庄重、大方、高雅，是一种高档的服装面料。

①精纺呢绒：有凡立丁、舍味呢、女衣呢、芯呢、华达呢等。其织物质地紧密、骨架挺括、光泽柔和自然。

凡立丁是以优质羊毛为原料的轻薄平纹毛织物，呢面光洁平整，织纹清晰，表面条干和色泽均匀，手感滑爽挺括，透气性良好，适合制作夏季男女上衣、西裤、裙装等。

华达呢是精梳毛纱织制的具有一定防水性的紧密斜纹毛织物，表面平整，正面纹路清晰、细密、饱满，手感挺括结实，质地紧密，富有弹性和悬垂性，多为素色，适合作为外衣、鞋帽面料，熨烫时勿直接熨烫正面。

舍味呢是轻微绒面的中厚型混色斜纹毛织物，其光泽柔和自然，绒毛细短平齐，手感柔糯丰润，有身骨，悬垂性好，适合做春秋装、套装、裙装等。

②粗纺呢绒：有法兰绒、麦尔登、海军呢、粗花呢。其织物丰满厚实、体积感强。

麦尔登是粗梳毛纱织成的品质较好的紧密毛织物，绒毛细密、呢面丰满平整、不起球、不露底纹；质地紧密，身骨挺实，有弹性，耐磨耐穿，抗水 防风，适合制作冬季长短大衣、制服帽子等。

法兰绒是高档混色呢绒，传统法兰绒常采用散毛染色，黑白混色。

（4）丝织物：以蚕丝为原料织成的面料，主要有桑蚕与柞蚕织物两种。桑蚕丝织物具有明亮、柔和的光泽，手感细腻轻盈，质感华丽、高贵，属高档服装面料；柞蚕丝织物比较粗糙，手感柔软、坚固耐用，适合制作中低档服装。真丝面料历来是人们心目中的"面料皇后"，其独特的使用性能和审美价值是其他纤维品种无法比拟的。真丝的吸湿性、透湿性很强，保暖性也比棉、麻略高。真丝制品在我国经过了几千年的发展，品种已十分丰富。常用丝织物品种有绸、缎、绢、绨、绉、绫、锦、罗、纱、纺等。

① 纺类：采用平纹组织织制的质地轻薄、平整细密的花、素丝织物，又称纺绸。其经纬丝一般不加捻，手感滑爽、比较耐磨。主要有电力纺、富春纺、尼龙纺、华春纺等。

② 绉类：运用工艺手段或组织结构，使表面呈现皱纹效应的平纹丝织物。外观呈现不同的皱纹，手感柔软而富有弹性，光泽柔和，抗皱性能好。主要有乔其绉、双绉、碧绉、缎背绉等。

③ 绸类：采用平纹、斜纹及变化组织织造或同时混用几种基本组织和变化组织，无其他大类特征的各种花、素丝织物。其质地紧密，比纺类稍厚，表面平整光洁，耐牢性好。根据重量与厚薄，可分为轻薄型（质地柔软，富有弹性，用于衬衫、裙子等）、中厚型（丰满厚实，表面层次感强，可做西装、礼服或室内装饰）。主要有塔夫绸、双宫绸等。

④ 缎类：缎是指采用缎纹组织制成的手感光滑柔软、质地紧密厚实、色泽鲜艳的丝织物，主要有软缎、库缎、金雕缎等。

⑤ 锦类：锦是中国传统高级多彩提花丝织物，是丝绸织品中最精美的产品。原料用真丝和人造丝，其质地紧密厚实，手感光滑，外观绚丽多彩，花纹高雅大方。一般地讲，三色以上的缎纹丝织物称为锦，主要有蜀锦、云锦（图3-2）、宋锦等。

图3-2　云锦

2．化学纤维织品

化纤织物具有稳定性好、保暖耐穿的特点，但吸湿透气性较差。化纤织物价格比较便宜，是平民化的织物。人造纤维织物有人造棉布、人造丝、人造毛呢等。合成纤维织物有涤纶、腈纶、锦纶、氨纶等。化纤织物可模仿一些天然纤维织物的效果，如人造毛、仿鹿皮等。

3．裘皮与皮革面料

（1）毛皮材料：

天然毛皮也称为裘皮，是用动物的皮毛经过鞣制加工而成的材料，具有保暖、轻便、耐用等特点，具有高贵华丽的质感，是高档时装中常用的材料之一。

① 紫貂皮：高档昂贵的裘皮制品，其皮毛短而密，毛绒精致柔软、色泽光润、厚实而松软，有极强的保暖性能。紫貂属于国家一级保护野生动物。

② 水貂皮：有"裘皮之王"的美称。水貂皮软而细致、毛色光润、质地轻软，手感舒适、保暖性强。水貂皮有丰富的自然毛色，同时也易于染色加工，是裘皮制品中的精品，在国际毛皮市场和裘皮时装销售中极受欢迎，与波斯羔皮、银蓝狐皮称为三大皮货精品。水貂属于国家禁捕野生动物。

③ 灰鼠皮：灰鼠皮绒毛细密、柔软、色泽光润，贵重的天然灰鼠皮为灰色，也是一种较高品质的裘皮。灰鼠属于国家禁捕野生动物。

④ 水獭皮：毛皮松软、细柔、色泽美观，有深褐色和褐色，同时也可以通过染色或漂色达到色彩丰富的效果。水獭属于国家二级保护野生动物。

⑤ 狐狸皮：具有华丽的外层粗毛和亮丽的毛皮纤维，富有光泽，长而柔软、具有保暖性，是名贵华丽的裘皮品种之一。狐狸皮又分为红狐皮、白狐皮、蓝狐皮、银狐皮几个品种。

（2）皮革类材料：动物的毛皮经过化学处理后去掉毛的皮板，即为皮革。另外，以机织、针织、无纺织物为底布，表面加以合成树脂可制成合成皮革，可以仿造各种天然皮革的效果。

① 牛皮革：采用牛皮加工而成的皮革。牛皮革分为黄牛皮和水牛皮，同时又有小牛、母牛、公牛皮等之分。牛皮革富有弹性和张力，粗犷而厚实，粗中有细，是服装和配饰品常用的材料。

② 羊皮革：羊皮革有绵羊皮革和山羊皮革两种。山羊皮质地轻薄坚韧，柔软而富有弹性；绵羊皮软而不坚固，质地细腻，延伸性能好。

③ 鹿皮革：采用驯鹿、羚羊、麋鹿革制成的皮革。其特点细致而柔软，弹性适中，伸缩性强。

④ 猪皮革：猪皮革质地粗糙柔软、透气性强、耐磨。绒面磨砂猪皮革在配饰品中广泛运用。

4．新型服装面料

随着纺织工业发展和化学纤维的应用，人们把天然纤维与化学纤维或改性，或混纺互补，以满足消费者对服装的要求。对天然纤维材料进行改变组分、物理或化学的改性，制作成如全棉能抗皱、羊毛能机洗、真丝不褪色、亚麻手感软等产品；化学纤维方面，有纤维素纤维升级、高弹纤维利用、微元生化纤维，远红外纤维制品开发等，使纤维新品种大大增加；加之对织物采用物理的、化学的或生物的新工艺、新方法，使服装材料具有防水透湿、隔热保暖、吸汗透气、阻燃、防蛀、防霉、防臭、防污、抗静电等性能，为开发舒适、健康、卫生的服装和防护服装等提供了新材料。

（1）按服装面料的纤维种类分类，新型服装面料有以下几种。

① 天然纤维：包括植物纤维，如生态棉、彩色棉、竹纤维等；动物纤维，如彩色羊毛、彩色丝等。

彩棉面料，顾名思义就是种植收获的棉纤维本身是有颜色的，到目前为止，已经培育出浅蓝色、粉红色、浅黄色与浅褐色等品种，其服装质地柔软、色彩自然，穿着舒适，弹性好。

② 化学纤维：包括人造纤维素纤维，如天丝、莫代尔、竹浆纤维；人造蛋白质纤维，如大豆纤维、牛奶纤维；其他人造纤维，如甲壳素纤维、玉米纤维、金属纤维；合成纤维，主要是差别化纤维，包括超细纤维、复合纤维、异型截面纤维、弹力纤维、高吸水纤维等。

在各种新型服装面料中，以下的几种较具代表性。

天丝纤维面料：是从木材物质中提取的天然纤维素为原料生产的，在生产工艺过程中，采用无毒的有机溶剂循环使用，解决了纤维素纤维生产中有毒气体和污水对环境的污染。其服用性能集化纤、天然纤维的优点于一身，既有棉的舒适感、又有黏胶纤维的悬垂感，同时还有涤纶的强度和真丝的手感。

莫代尔面料：属于变化性的高湿模量的黏胶纤维，其干湿强力、缩水率均比普通黏胶纤维好。其面料色泽鲜艳，手感柔软、顺滑，并有丝质感，吸湿性优良，是具有极高价值的环保面料。其长丝可以比蚕丝更细，是超薄面料的上选原料。

竹纤维面料：以竹子为原料，经特殊的工艺处理制成，有原竹纤维和竹浆纤维两种。原竹纤维是把原竹中的纤维直接提取出来用于服装用纺织品的制造，竹浆纤维是把竹子中的纤维素提取出来，再经制胶纺丝等工序制造的再生纤维素纤维。竹纤维具有优良的着色性、弹性、悬垂性、耐磨性、抗菌性，特别是吸湿放湿性、透气性居各种纤维之首。竹纤维横截面布满了大大小小的空隙，可以在瞬间吸收并蒸发水分，被称为"会呼吸的面料"。

（2）按面料的性能分类，新型服装面料可分为三大类。

① 功能性服装面料，例如舒适性服装面料，可保暖调温、吸湿透湿、凉爽透气、变色反光、除臭添香等；卫生功能服装面料，可防霉防污、抗菌除臭等；医疗保健性服装材料，可电疗、磁疗、敷置药物等；安全性服装面料，可阻燃、防燃、防辐射等；环保型服装面料，可生态服装面料和可降解面料等。

② 智能型服装面料：如导电纤维、形状记忆纤维、调温纤维面料等。

③ 高性能服装面料：如耐热纤维、高吸水纤维等。

（二）常用服装辅料

服装辅料是指制作服装所用的除面料以外的其他一切材料，简称辅料，如各种衬料、缝线、纽扣、拉链、裤钩、花边、松紧带等。这些辅料在服装构成中发挥着衬托、缝合、连接、装饰等作用，使用得当，可以提高服装的质量，增强装饰性。当然，这要求辅助材料本身要有好的质量，并且花色品种要齐全，式样造型及色彩要美观。

（1）服装里料：包括天然纤维里料、化学纤维里料。

（2）服装衬料：包括棉布衬、麻衬、毛衬、纸衬、腰衬、黏合衬等。

（3）服装填料：包括絮类填料、毛类填料。

（4）服装垫料：包括肩垫、胸垫、领垫（又称领底呢）等。

（5）闭合材料：包括纽扣、拉链、绳、带、钩、环、尼龙搭扣等。

（6）线类材料：包括天然纤维缝纫线、合成纤维缝纫线。

（7）装饰材料：包括花边（又称蕾丝）、缀饰材料（珠子、亮片、塑料片等）、绦子、缎带等。

（8）其他材料：包括商标、各类标志、号型尺码带等。

四、面料的选用与造型的关系

服装是围绕着人、衣服、穿戴状态进行的三维立体设计，它的个性化、动态感要通过线条、空间、形态来体现。面料的质感和可塑性体现服装的造型。面料材质与服装设计风格应完美结合，在设计过程中常以面料的厚重挺括与轻薄柔软、有无光泽、平面与立体等角度来把握面料的造型特征。

（一）柔软型织物

柔软型织物包括织纹结构疏散的针织面料、轻柔的丝绸面料、丝绒、裘皮等。针织面料垂感与弹性都非常好，可省略服装拼接线和省道，由于织物所本身所具有的弹性，也能体现人体优美的曲线。丝绸织物柔顺得体，细腻雅致，多采用松散和有褶皱效果的造型，以表现面料线条的流动感和自然甜美的风格。丝绒手感柔和、有垂感，不易设计过多的缝缉线而影响其平滑的悬垂效果。

（二）挺括型织物

挺括型织物包括棉布、亚麻布、灯芯绒、拉绒、各种中厚型的毛料和化纤织物，丝绸中的锦缎和塔夫绸也有一定的硬挺度。府绸、卡其、牛津布等棉织物朴素、文雅，有一定的体量感和硬挺度，可采用细皱和褶皱的手法形成丰满的衣袖、蓬松的裙子和具有体积感的服装，也可用来设计一些轮廓鲜明合体的服装。中厚型毛织物面料本身就具有体积感和扩张感，设计师不易采用过多的拼接线和褶裥，廓型也不宜过于紧身贴体。塔夫绸和锦缎可用来制作晚礼服、婚纱等。

（三）光泽型织物

光泽型织物包括软缎、绉缎、织锦缎等。这类面料质地光滑并能反射亮光，常用来制作晚礼服或舞台演出服，以取得华丽夺目的视觉效果。人造丝与其他化纤软缎反射最强，但光感耀眼、冷峻，一般用来制作舞台演出服装；真丝绉缎光泽细腻，可用于高档礼服的设计；织锦缎花型繁多、纹路精细、雍容华丽，可用来制作民族风格的服装。

（四）弹性织物

弹性织物主要指针织面料或由尼龙、莱卡、莫代尔等纤维织成或是这些纤维同棉、麻、丝、毛等纤维混纺成的产品。它具有弹性大，不容易变形的特点，适合于紧身型服装的制作，如内衣、泳衣、运动装等，或用于舞蹈、杂技等舞台表演服装。此外，某些织物的斜纱也有一定的弹性，所以可采用斜裁的技术制成服装，利用布料的自然弹性替代省道，使外轮廓悬垂适体。

（五）透明织物与镂空织物

透明织物与镂空织物主要有乔其纱、生绢、蕾丝、巴厘纱等。此类面料质地薄而通透、绮丽优雅，能不同程度地暴露人体。设计时可根据面料柔软或硬挺的质地区别，灵活而恰当地予以表现，还可采用织物多层叠加的方法，产生若隐若现、迷离朦胧的美感。

第二节　服装色彩

设计离不开对色彩的研究和运用。色彩的形成来自光，没有光的存在就没有色彩。虽然自然界有千变万化的色彩，但它是由两个因素构成的，一是自然和科学因素。通过科学和自然现象，可以观察到光谱是按 赤、橙、黄、绿、青、蓝、紫 的固定顺序排列的，白光来自于太阳中所有光谱色的混合。当光源变化时，色彩也发生变化。

另外，因为物体吸收和反射另一些光线，相互影响而形成不同的色彩。二是感情因素。由于不同的色彩对人的感官刺激不同，从而影响人的心理情感的变化，即使是同一种色彩也往往给人以不同的感受。对色彩的感受不仅因人自身的感观而变化，也因为国家、地域、习俗、宗教、社会风貌等社会因素构成了对色彩不同的感受。

一、色彩的三要素

色彩具有三种基本要素：明度、色相、纯度。

（一）明度

明度是指颜色的明暗程度。色彩的明度有两种形式，一是某种颜色加入黑色后，明度降低，反之，加入白色后，明度变高。二是不同色彩在相互比较中有明暗程度的区别，例如黄色的明度比蓝色的明度高，浅红比深红明度高。

（二）色相

色相指色彩的相貌。色彩的相貌是以红、橙、黄、绿、青、蓝、紫的光谱色为基本色相。

（三）纯度

纯度是指色彩的鲜艳程度和浊暗的感觉，也称为饱和度、彩度、色度。当一种颜色纯度达到极高的程度时，这种颜色就是最佳的标准色。如果在这种高纯度的颜色中加入其他颜色，它的饱和度就会变化，从而改变原有的颜色。

二、色彩的对比

当两种或两种以上的色彩放在一起，由于相互影响的作用显示出差别的现象，称为色彩对比。色彩的千差万变形成了色彩的多种对比关系。

（一）明度对比

两种以上色彩组合后，由于明度不同而形成的色彩对比效果称为明度对比。它是色彩对比的一个重要方面，是决定色彩方案感觉明快、清晰、沉闷、柔和、强烈、朦胧与否的关键。

（二）色相的对比

两种以上色彩组合后，由于色相差别而形成的色彩对比效果称为色相对比。它是色彩对比的一个根本方面，其对比强弱程度取决于色相在色相环上的距离（角度），距离（角度）越小对比越弱，反之则对比越强。色相对比一般可以分为五种程度的对比：同类色相对比、邻近色相对比、中差色相对比、对比色相对比、互补色相对比（图 3-3 ）。

（三）纯度对比

两种以上色彩组合后，由于纯度不同而形成的色彩对比效果称为纯度对比（图 3-4 ）。它是色彩对比的另一个重要方面。在色彩设计中，纯度对比是决定色调感觉华丽、高雅、古朴、粗俗、含蓄与否的关键。

（四）冷暖对比

由于色彩感觉的冷暖差别而形成的色彩对比称为冷暖对比。例如，红、橙、黄使人感觉温暖，蓝、蓝绿、蓝紫使人感觉寒冷，绿与紫介于其间，被称为中性色。另外，色彩的冷暖对比还受明度与纯度的影响，白光反射高而感觉冷，黑色吸收率高而感觉暖。冷暖对比得当，会显得活泼、悦目。冷暖对比越强，刺激越强。反之，冷暖对越弱，刺激性越弱。

图3-3　互补色对比

图3-4　纯度对比

（五）面积、形状、位置对色彩对比的影响

　　面积、形状、位置在色彩对比中，都是具有较大影响的因素。

三、色彩的调和

　　色彩调和是指两个或两个以上的色彩有秩序、协调和谐地组织在一起，能使人产生愉快、喜欢、满足等心情的色彩搭配。色彩调和的意义，一是为了使有明显差别的色彩构成和谐而统一的整体必须经过调整；二是使色彩能自由地组织，构成符合目的性的美的色彩关系。色彩调和主要有以下两种方式。

（一）同一调和

当两个或两个以上的色彩因差别大而非常刺激不调和的时候，可以增加各色的同一因素，使强烈刺激的各色逐渐缓和。增加同一的因素越多，调和感越强。这种选择同一性很强的色彩组合，或增加对比色各方的同一性，避免或削弱尖锐刺激感的对比而取得色彩调和的方法，称做同一调和。

（二）秩序调和

把不同明度、色相、彩度的色彩组织起来，形成渐变的、有条理的或等差的、有韵律的画面效果，使原本强烈对比、刺激的色彩关系因此而变得调和，使本来杂乱无章的、自由散漫的色彩由此变得有条理、有秩序从而达到统一调和。这种方法就叫秩序调和。

四、色彩错觉现象

错觉是指人们对外界事物的不正确的感觉或知觉。最常见的是视觉方面的错觉。产生错觉的原因，除来自客观刺激本身特点的影响外，还有观察者生理上和心理上的原因。其机制现在尚未完全弄清。来自生理方面的原因与人们感觉器官的机构和特性有关，来自心理方面的原因和人们生存的条件以及生活的经验有关。

色彩的错觉是人眼的各种错视感觉之一。在服装设计中，常利用竖直线条、小花型、冷色调、浊色等来改观体型的过胖，或用横线条、大花型、暖色调、明亮的色彩来弥补瘦长体型的不足。色彩的错觉还常反映在人们的视觉生理平衡与心理平衡上。人眼在长时间感觉一种色彩后，总是需要这种色彩的补色来恢复自己的平衡，这就形成了色彩的错觉现象。由于人眼对色彩的错觉，任何色彩与中性灰色并置时，会立即将灰色从中性的、无彩色的状态改变为一种与该色相适应的补色效果。但这并不是色彩本身的客观因素，而是由于人眼对色彩的错觉，觉得任何两种色相不同的色彩并置时，两者都带有对方的补色味。在服装设计中，人们常用这种错视现象来衬托肤色美。研究色彩的错觉生理现象，对服装设计具有重要意义。

五、色彩的心理效应

不同波长色彩的光信息作用于人的视觉器官，通过视觉神经传入大脑后，大脑将之与以往的记忆及经验联系并产生联想，从而形成一系列的色彩心理反应。

（一）色觉心理

1. 色彩的前进与后退感

各种色彩的波长有长短区别，但这种区别是微小的。由于人眼的水晶体自动调节的灵敏度有限，故人眼对微小的光波差异无法正确调节，因而造成各种光波在视网膜上成像有前后现象。光波长的色，如红色与橙色，在视网膜上形成内侧映像；光波短的色，如蓝色与紫色，在视网膜上形成外侧映像，从而造成暖色前进、冷色后退的视觉效果。这也是人眼的错觉生理现象之一。一般情况下，暖色、纯色、明亮色、强烈对比色等具有前进的感觉；而冷色、浊色、暗色、调和色等有后退的感觉（图3–5）。

图3-5　色彩的前进与后退

2. 色彩的膨胀与收缩感

色彩由于波长引起的视觉成像位置有前后区别,这种区别产生了色域。色彩的膨胀与收缩，不仅与波长有关，而且还与明度有关。明度高的有扩张、膨胀感，明度低的有收缩感。同样大小的黑白格子或同样粗细的黑白条子，白色的感觉大、粗，黑色的感觉小、细。同样大小的方块，在紫色地上的绿色要比黄色地上的蓝色也大些，在蓝色地上的黄色要比黄色地上的蓝色也大些。这是色彩明度对比形成的膨胀与收缩感。一般有膨胀感的色彩有:白色、明亮色、纯度高的色、暖色;有收缩感的色彩有:黑色、浊色、暗色、冷色。

3. 色彩的冷暖感

视觉色彩引起人对冷暖感觉的心理联想,如红、橙、黄使人联想到火、太阳、热血,是暖感的;青、蓝使人想到水、冰、天空,是冷感的;紫与绿处在不冷不暖的中性阶段上。其中橙被认为最暖,青被认为最冷。

4. 色彩的兴奋与沉静感

色彩有给人兴奋与沉静的感受,这种感受常带来积极或消极的情绪。

色的兴奋沉静感和色相、明度、纯度都有关系,其中尤以纯度最大。在色相方面,红、橙、黄等暖色使人想到斗争、热血而令人兴奋;蓝、青使人想到平静的湖水、蓝天,从而使人感到平静。绿与紫是中性的。在服装中,旅游服多数采用兴奋的色彩,而医生、护士则应穿安静的沉静色服装。

5. 色彩的明快与忧郁感

明度和纯度是影响色的明快与忧郁感的重要因素,色相对明快与忧郁感的影响不很大。比较明快的是紫红、红、紫的暖色系,呈忧郁感的是黄、黄绿、绿和青紫,而橙、青绿、青则呈中性。即使是忧郁感的色相,只要颜色鲜明,也会给人以明快的感觉,总而言之,明亮而鲜明的颜色呈明快感,深暗而浑浊的颜色呈忧郁感。如使用明快的颜色,全家会因此而充满欢乐气氛,也能给客人以亲切之感。穿明快感的服装参加宴会最适宜,而参加悼念活动的服装必须是忧郁色。

6. 色彩的华丽与质朴感

色彩可以给人以富丽辉煌的华美感,也可以给人以质朴感。纯度对颜色的华丽质朴感影响最大,明度也有影响,色相影响较小,如图3-6、图3-7所示。

总地来说,色彩丰富、鲜明而明亮的颜色呈华丽感,单纯、浑浊而深暗的颜色呈质朴感。此外,色彩的华丽、质朴与色彩的对比度有很大关系。一般对比强的配色具华丽感,而对比弱的配色呈质朴感。在实际配色中,如果有光泽色的加入,一般都能获得华丽效果。

色彩的华丽、质朴感,与服装穿着场合大有关系,如轻松的表演服应是华丽服装,在游泳、滑雪等及需要引人注目的场合,也适宜用华丽花俏的服装,而在课堂、图书室、书房等处则应用质朴的服色。

7. 色彩的轻重感

同样物体会因色彩的不同而有轻重的感觉,这种感觉主要来自色彩的明度。明度高的色彩使人有轻感,明度低的色彩则有重感。此外,白色、浅蓝色和天蓝色,与蓝天、白云相联系,故有轻感。黑色最重。

色的轻重感在生活中也广泛为应用,如天花板涂成轻感的色就有漂浮感,地板涂成深色而有稳重感;用色相反,则会使人觉得室内不稳定,感觉不安定。飞机呈银白色显得轻飘,如呈黑色则觉得呆重而有降落感。人的服装如上白下黑就有稳重感、严肃感，而上黑下白就觉得有轻盈、敏捷、灵活感。

图3-6 朴素色

图3-7 华丽色

8. 色彩的活泼与庄重感

暖色、纯度高之色、对比强之色、多彩之色显得色彩跳跃、活泼；而冷色、暗色、灰色给人以严肃、庄重感。黑色给人以压抑感，灰色呈中性，而白色则显得活泼。色彩的活泼和庄重感，与色彩的兴奋和沉静感较相似，它运用于不同年龄的衣着配色。一般青少年服装配色多活泼感，以显示他们的朝气勃勃和活泼可爱；而庄重感色适合于中老年服装，以显示着装人的成熟老练。

9. 色彩的软硬感

和色的轻重感一样，色的软硬感和明度有着密切的关系。在纯度方面，中纯度的颜色呈软感，高纯度和低纯度的颜色呈硬感。色相对软硬感几乎没有影响。因此可以说，色的软硬感几乎取决于它的明度，明亮色即使不太鲜艳也呈软感，而低明度色不论鲜明与否都呈硬感。

色彩的软硬感在服装配色中应用也很多，如奶油色、粉红色、淡蓝色等软色，是儿童服装理想的色彩，它们与儿童娇嫩的皮肤相映衬，显得十分协调。

10. 色彩的强弱感

明度和纯度，是影响色彩强弱感的重要因素。暗而鲜明的颜色呈强感，亮而浑浊的颜色呈弱感。强烈的色彩引人注目，故适宜做标本色，也是运动服与T恤衫配色的理想选择。而在室内，为了避免刺激，弱而柔和的颜色是睡衣、内衣的佳色。

（二）色彩的心理联想

当人们看到色彩时，总是回忆起某些与此色彩有关的事物，因此而产生相应的情绪，这就是色彩的联想。色彩的联想，既受观色者的经验、记忆、知识等的影响，也因民族、年龄、性别的差别而有不同，还因性格、教养、职业、生活环境等的差别而相异，并随着时代及时尚的变迁而略有变化。对此，服色设计者必须有意识地给予明确的表达。要具有这种能力，就应对色彩的一般共同性联想有所认识。

色彩的联想有具象和抽象两种。

1. 具象联想

具象联想指看见某种色彩就使人联想到自然界具体的相关事物，如看见红色想到火，看见橙色想到橘子，看见蓝色想到天空等。

2. 抽象联想

抽象联想指看见色彩就使人想到热情、冷淡等抽象概念，就叫做色彩的抽象联想。儿童多具象联想，成年人多抽象联想。这说明人对色彩的认识，随着年龄、智力、经历的增长而发展。

（三）色彩性格

各种色彩都其独特的性格，简称色性。它们与人类的色彩生理、心理体验相联系，从而使客观存在的色彩仿佛有了复杂的性格。

1. 红色

红色的波长最长，穿透力强，感知度高。如图3-8所示，它易使人联想起太阳、火焰、热血、花卉等，有温暖、兴奋、活泼、热情、积极、希望、忠诚、健康、充实、饱满、幸福等向上的倾向，但有时也被认为是幼稚、原始、暴力、危险、卑俗的象征。红色历来是我国传统的喜庆色彩。

图3-8 红色

2. 橙色

橙与红同属暖色，具有红与黄之间的色性，它使人联想起火焰、灯光、霞光、水果等物象，是最温暖、响亮的色彩，感觉活泼、华丽、辉煌、跃动、炽热、温情、甜蜜、愉快、幸福，但也有疑惑、嫉妒、伪诈等消极倾向。

3. 黄色

黄色是所有色相中明度最高的色彩，具有轻快、光辉、透明、活泼、光明、辉煌、希望、功名、健康等印象，如图3-9所示。但黄色过于明亮而显得刺眼，并且与他色相相混即易失去其原貌，故也有轻薄、不稳定、变化无常、冷淡等不良含义。黄色还被用作安全色,如室外作业的工作服,因为它极易被人发现。

图3-9　黄色

4．绿色

在大自然中，除了天空和江河、海洋，绿色所占的面积最大。草叶植物的绿色几乎到处可见，它象征生命、青春、和平、安详、新鲜等，如图 3-10 所示。绿色最适应人眼的注视，有消除疲劳的调节功能。

5．蓝色

与红、橙色相反，蓝色是典型的寒色，表示沉静、冷淡、理智、高深、透明等含义，随着人类对太空事业的不断开发，它又有了象征高科技的强烈现代感。

6．紫色

紫色具有神秘、高贵、优美、庄重、奢华的气质，有时也感孤寂、消极。尤其是较暗或含深灰的紫，易给人以不祥、腐朽、死亡的消极印象。

7. 黑色

黑色为无色相、无纯度之色，往往给人感觉沉静、神秘、严肃、庄重、含蓄，另外，也易让人产生悲哀、恐怖、不祥、沉默、消亡、罪恶等消极印象。

图3-10 绿色

8. 白色

白色给人印象是洁净、光明、纯真、清白、朴素、卫生、恬静等。在它的衬托下，其他色彩会显得更鲜丽、更明朗。多用白色可能会产生平淡无味的单调、空虚之感。

9. 灰色

灰色是中性色，其突出的性格为柔和、细致、平稳、朴素、大方、它不像黑色与白色那样会明显影响其他的色彩，因此，做背景色彩非常理想。任何色彩都可以和灰色相搭配。

六、服装色彩的特性

（一）装饰性

服装色彩是通过人体表现的一种审美形式，也是人类最为普及的美感形式。服装色彩的装饰目的，不是装饰形式本身，而是由装饰形式美化人体，是对人体的内外修饰。从心理学角度来讲，色彩的装饰只是为炫示身体，使人体的特点更引人注目，从视觉上带来美的享受，并使心理上取得平衡。从社会学方面来说，服装色彩的装饰，不仅是美化人体的表现手段，也是表现社会机能的一种符号。

在高度文明的社会里，衣服除了本身的使用价值外，更重要的是保持礼节、尊严、修饰仪表、表现个性等，其艺术装饰的思想审美可能性，与其他造型艺术相比，是更有局限性的。这是因为服装色彩表现思想和世界观方面的充分性、明确性和直接性，要比其他种类的艺术表现力小得多。因此，服装色彩构思的装饰依据涉及美学、心理学、生理学和社会学等多个学科领域。

（二）象征性

色彩设计是人类社会性的审美创造活动。在这种审美性的创造活动中，色彩表现出了不同的社会属性和情感意志。这里象征性是指色彩的使用，它将牵涉与服装关联的民族、时代、人物、性格、地位等因素，所以，服装色彩的象征性包含有极其复杂的意义。综观我国古代社会的服饰色彩，凡具有扩张感、华丽感的高纯度色或暖色系的色都被统治阶级所用，来象征他们的权利和荣耀，而平民百姓只能用收缩感的寂静的低纯度色和青绿色。服装色彩有时也能象征一个国家和这个国家所处的时代。在我国，毛蓝色、月白色、白色的偏襟上衣和黑色喇叭裙，黑色小立领男学生装，是"五四"时期的象征；蓝色、灰色、绿色的列宁装和中山装，是 20 世纪 50 年代的象征。另外，一些特殊职业的职业装色彩往往也带有很强的象征性。如象征信使的邮电通讯部门的绿色服装以及建筑工人服装、医务工作服、饮食行业服等。所以，服装色彩所体现的象征性，绝非是一个简单的内容，从民族、国家到人物性格、地位和服装用途，只有从这许多方面去理解、去探寻，才能真正把握服装色彩象征内涵。

（三）实用性

服装色彩的构思除了考虑精神方面的内容外，物质方面的实用功能性同时不可忽视。"人是万物的尺度"，服装色彩物的衡量尺度是人，色彩的构思则是以人为主体，不仅要考虑人体，而且还要考虑人的生活和生产，人在具体环境中进行活动所产生的影响，即把握人与物的关系、主体与客体的关系等。服装色彩的实用功能性，表现在色彩与人在形式方面的和谐性及色彩使人在生理和心理方面得到平衡的机能性。

另外，服装色彩是商品性的色彩，它既是构成服装商品的要素之一，又是服装商品整体美的重要组成部分，并作用于服装商品的销售市场，是服装商品竞争中的重要手段，也成为销售心理学中的一个重要内容。

（四）流行性

服装可以说是流行与时尚的代名词。在诸多产品的设计中，服装的变化周期是最短的，它关注流行、体现流行的程度也是最高的。在流行色的宣传活动中，通过服装展示来表达流行是很重要的内容之一。

七、服装色彩设计的原则与方法

（一）服装色彩设计的原则

色彩与消费者的生理、心理等密切相关，服装色彩设计应遵循以下要求。

（1）根据消费者的生理要求进行色彩的功能性设计。

（2）根据消费者的审美要求进行色彩的艺术装饰设计。

（3）根据消费者的不同个性动机进行色彩个性表现设计。

（4）根据市场变化的要求进行色彩的商品性设计。

（5）根据消费层次的不同进行色彩的适应性设计。

（二）服装色彩搭配的方法

服装配色不仅是上下装的搭配，应该考虑整体统一的效果，如服装和鞋帽、围巾、首饰品、包、手套、化妆等的配色。服装配色是设计中一个重要的环节，良好的服饰色彩搭配能表现出穿衣人卓越的风范。以下是几种服装配色的常用搭配形式。

1. 同类色搭配

同类色搭配是服装设计常用的表现方法，尤其在春秋和冬装中内外衣与配饰物的搭配上（图3-11）。同类色方法能达到色彩丰富、和谐的效果。例如棕红色的皮夹克、皮裤、皮带和衬衫领为同一色，配砖红色方格衬衫以及驼色帽子形成同类色调，虽然色相近似，但纯度不同，所以产生统一变化的效果。

2. 色彩的节奏变化

由于色相、纯度、饱和度以及色彩面积大小等因素不同，产生了色彩有序和无序的节奏变化。比如红、橙、黄三色搭配设计的创意服装，三种色相为阶梯式有节奏的排列，同时大、中、小色彩面积不同产生节奏变化。有节奏感的色彩搭配能使简单的服装增添韵味。

3. 统一变化色彩搭配

运用某种颜色为主调，再用其他颜色穿插点缀其间，产生在统一色调之中又有变化的色彩效果。例如上衣、裤子、帽子以浅灰色调为统一色，在整体色调中又有咖啡和黑色穿插其中，形成统一又有变化的服饰色彩搭配，大小面积适中，因此形成和谐统一的色彩。

4. 色彩面积搭配

由于色相和明度不同，因此色彩给人的视觉印象有扩张和收缩的感觉。同样大小面积的红色和黑色，给人的感觉是红色大黑色小。合理地运用不同色彩的面积进行组合搭配，在服装设计中能起到修正不同体型的作用，也可以发挥服饰色彩的魅力（图3-12）。

图3-11　同类色搭配

图3-12　色彩面积搭配

5．色彩互联搭配

互联搭配的关系是指在服饰色彩中有相互联系的特点，既可通过服装色彩也可借助配饰品来表现互联关系。如图 3-13 所示。

图3-13　色彩互联搭配

6．色彩间隔变化

在不同颜色之间采用无色彩作为间隔，这样能使不同色相的颜色统一在一个整体之中，使其更加稳定而又有变化。间隔也起到调和不同色彩之间关系的作用，以达到自然和谐的效果。

第三节　服装造型

一、造型的基本元素——点、线、面、体在服装中的运用

（一）点

几何意义上的点只有位置，没有长度、大小，但在造型上的点可以认为是一个小平面；点在空间上表示位置，它的形状和地位由周围条件决定；点有大小、平面立体、色彩质地的区别；点的不同形状和聚散变化使人产生不同的视觉感受；由于点所处的位置、色彩、明度以及环境条件的变化而产生大小、远近、空间的感觉。

（二）线

线是点的移动轨迹。几何定义的线只有位置、长度而不具有宽度与厚度；从平面构成的角度讲，线既具有宽度和厚度，而且还有远近、方向、形状、色彩、材质、明度的变化；不同的线条有不同的情感性格。

（三）面

面是线移动至终结而形成的，有长度、宽度没有厚度，圆形、方形和三角形是最基本的面。规则面有简洁、明了、安定和秩序的感觉；自由面有柔软、轻松、生动的感觉。利用在造型中的平面形，使视觉对象的形即"图"在衬托部分即"地"的衬托下产生前进或后退的感觉，而且"图"与"地"是辩证的关系可以根据设计进行互换。

（四）体

体是平面向不同的方向移动而回到起点产生的，占有空间的作用。体的基本形态有正方体、圆球体、圆柱体、圆锥体等。塑造一个三维的体是服装设计的基本任务，体的重点有三方面：基本体的造型作用，如不同体的联想与给人的感受；基本体的组合效果；服装外轮廓的立体化。

二、造型的形式美法则

对美的定义长期以来很难用客观的语言来表述。对于美的刺激反应主要取决于心灵中的心理相似性。美传达出人类对秩序的希望。但对于秩序和稳定的需要的同时也与对兴趣和刺激的需要交织在一起。因此，支配和服从的原则、变化中的统一、通过对比赋予价值，这一切都使人们试图保持秩序和变化、稳定和新体验之间的一种令人愉悦的关系。

形式美法则是关于个体与个体、个体与整体、整体与整体之间关系处理的理论和规律，主要有以下几点。

（一）统一和协调

1. 统一

统一指通过对各个个体的整理，使整体具有某种秩序所产生的一致性，这是造型艺术的根本法则。它要求各个个体之间保持有机的联系，避免相互孤立，形成互相协作，实现某种秩序。

2. 协调

协调指两种以上互不相同的内容放在一起，互相之间仍保持各自的特征，但组合后产生单独使用时不具备的美。

（二）节奏

节奏可以体现为律动、旋转和反复，原用于描绘有时间形式的艺术，通过视听形成互相联系的音和形的有规律变化，伴随时间的变化而在次序上得到一种统一的运动美感。节奏用于设计上时，是指不同的点、线、面、体以一定间隔、方向或形态按一定的规律进行反复和排列，而产生造型形式感中的某种有意义的律动，表现为视觉动势的延伸。

（三）平衡

平衡即均衡，是指双方以某种支点为支撑达到达到力学上的相等，有对称平衡和不对称平衡。从造型角度看，它是指形状相同，或从视觉角度上取得大小、排列、位置等的平衡，给人稳定的心理满足感和安定平稳的舒适感。

（四）比例

比例是各事物或事物各部分之间的大小、分量、长短的比例，彼此之间在量上取得平衡就能实现比例美，是处理各种关系或比值的设计原则。"黄金分割"可以简化为正整数数列1、2、3、5、8、13、21、34、55、…可以组成比例美的近似值。

三、服装造型与人体

服装造型设计是对人体的外包装设计，它的设计主体就应该是人体本身。服装的作用不仅是将人体装扮得漂亮，更重要的是具有实用功能，它要符合人体结构，同时还要符合人体的运动机能，使之穿着后更为方便舒适。人体的造型结构和形态都直接或间接地影响着服装的造型和形态，因此，在对服装设计进行创作构思时，首先应对人体的形态结构特征以及空间结构特征进行详细的分析。

（一）男人体的特征

相对于女性而言，男性全身肌肉发达，颈部短粗，喉结明显，肩平而宽，胸肌发达而转折明显，背部肌肉凹凸变化明显，上肢肌肉强壮，胯部较窄，腰臀差较女性小，躯干较平扁，腿比上身长，整体看来如一个倒梯形。男装大多强调肩部，注重力量、阳刚与理性的美感。

（二）女人体的特征

早在数千年前，人们就已经认识到了女性的人体的美感，女性体态的美主要表现在肩、腰、臀所构成的曲线美。较之男性，女性肌肉不似男性那样发达，颈细长，肩部窄斜且薄，乳房隆起，腰部纤细，臀部丰满、圆润。因此女装更注重强调胸、腰、臀等部位的差异，表现身体凹凸有致的玲珑曲线。

（三）人体与服装造型的关系

服装具有两种状态，当它独立存在时是一种状态，而当它穿在人体上之后，则呈现另一种状态。人体是具有三维空间状态的立体形式，所谓的服装美即包括了服装美与人体美两个概念，服装始终围绕着人体这个立体形态进行造型，人体是服装的载体。因此如何塑造好服装与人体之间的空间关系，决定着一件服装造型设计的成功与否。

1. 服装造型要符合人体工程学

随着现代科学的发展，人体工程学、服装卫生学逐步受到重视，在满足装饰性、追求服装美的同时，服装朝着实用性、舒适性方向不断发展。

2. 服装造型要符合人体运动机能

作为人的第二层皮肤，服装造型还应满足时刻处在运动当中的人体特点。

四、服装的造型与设计

服装的整体造型设计包括廓型设计、结构设计、局部细节设计，服装廓型是服装造型设计的本源。服装作为直观的形象，如剪影般的外部轮廓特征会先快速、强烈地进入视线，给人留下深刻的总体印象。同时，服装廓型的变化又影响制约着服装款式的设计，服装款式的设计又丰富、支撑着服装的廓型。局部细节设计是加强和充实服装功能性、丰富和完善服装形式美的重要步骤，细节的设计，要根据功能与审美的要求，结合整体造型，运用形式美的法则，进行创造性的构思。

服装局部设计要考虑与整体设计的关系，注意细节在整体中的布局；细节与整体之间的大小、比例、形状、位置及风格上的协调统一力求创新。例如领子、衣袖、口袋的设计，在其形状、构造线的运用及面料、色彩的变化时就要考虑到与整体廓型、面料、色彩的映衬关系，既要注意几者之间的协调性，又不能过于呆板，缺乏新意。

（一）服装的廓型设计

1. 服装廓型的概念

所谓服装廓型线是指服装的外部形态的轮廓线，通过平面影绘或线描的方式来充分展示服装的整体大效果，是服装正面或侧面的投影，它强调了服装在空间环境衬托下的立体形态特征，并给以人深刻印象。如图 3-14、图 3-15 所示。

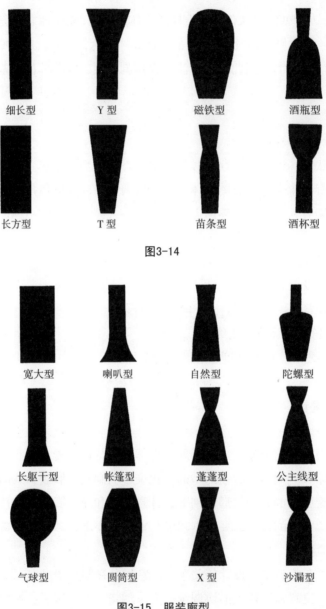

细长型	Y 型	磁铁型	酒瓶型
长方型	T 型	苗条型	酒杯型

图3-14

宽大型	喇叭型	自然型	陀螺型
长躯干型	帐篷型	蓬蓬型	公主线型
气球型	圆筒型	X 型	沙漏型

图3-15 服装廓型

2. 服装廓型的分类

（1）以字母命名：这是一种常见的分类，它以英语大写字母作为名称，形象生动。

①A 廓型：肩部适体，腰部不收，下摆扩大，下装则收紧腰部，扩大下摆，视觉上获得上窄下宽的"A"字形。A 廓型往往给人以稳重、优雅、浪漫活泼的效果。

②H 廓型：以肩部为受力点，肩、腰、臀、下摆呈直线，整体造型如筒形。H 廓型简洁修长，

具有中性化色彩。

③V廓型：上宽下窄，通过夸张肩部，收紧下摆，获得洒脱、干练、威严等造型感，具有较强的中性化色彩。

④X廓型：这是一种具有女性化色彩的廓型，通过夸张肩部、收紧腰部、扩大底摆获得，整体造型优雅不失活泼感。

⑤S廓型：较X型而言，S廓型女性味更为浓厚，它通过结构设计、面料特性等手段达到体现女性"S"形曲线美的目的，体现出女性特有的浪漫、柔和、典雅的魅力。

⑥O廓型：造型重点在腰部，通过对腰部的夸大，肩部适体，下摆收紧，使整体呈现出圆润的"O"形观感，多用于创意装的设计。幽默而时髦的气息是此种廓型独有的。

（2）以几何造型命名：如长方型、正方型、圆型、椭圆型，梯型、三角型、球型等，这种分类整体感强，造型分明。

（3）以具体事物命名：如气球型、钟型、喇叭型、酒瓶型、木栓型、磁铁型、帐篷型、陀螺型、圆桶型、篷蓬型等，这种分类容易记住，便于辨别。

（4）以专业术语命名：如公主线型、直身型、细长型、自然型等。

3．服装廓型的变化

服装是人们依照时代精神赋予自身的外部形象，就整个服装的演变而言，服装外形轮廓的变化体现了一个时代的服装风貌，它代表了一个时代的服饰文化特征和审美观念。在西方的服装发展史上，服装流行的历史实际上是服装廓型的变迁史。如中世纪的三角型（倒梯型）、文艺复兴时期的近似正方型、巴洛克与洛可可时期的椭圆型、19世纪体现女性曲线美的S廓型。尤其是到了20世纪，服装廓型变化更为丰富。

20世纪初，著名设计师保罗·普瓦雷设计了一系列具有浓郁东方色彩的裙装，服装史上出现了"东风西渐"的风潮，人们摆脱了过去惯用的填充物、紧身胸衣，一改强调女性曲线美的服装廓型，向简化的服装造型转变。第一次世界大战的爆发，更使裙长缩短，廓型呈直线型。

20世纪20年代，著名设计师加布里埃勒·夏奈尔进一步简化了女装，将女性从繁琐夸张的装饰中解放出来，创造了腰部自然、不突出胸部、线条简单的便服，具有较强的男性化特点。20世纪20年代末期，擅长运用斜裁法的玛德琳·维奥内，运用独特的斜裁方式制作出体现女性曲线美的紧身晚礼服。

到了30年代，女装继续朝着突出形体曲线的方向发展，廓型以细长为主，裙长变长，腰线自然贴合人体，整体造型细长、合体。

20世纪40年代，开始流行倒梯形的服装造型，"二战"期间，带有垫肩的女套装将女性带入了男性服装的世界，战争似乎让女性忘记了自己的美感。直到克里斯汀·迪奥的出现。1947年，迪奥推出了他的"新面貌"。自然的肩线设计、纤细的腰部、突出的胸部、像花一样绽开的裙摆，优雅的"X"型将女性重新带回到自己的世界中。整个50年代，迪奥相继推

出 "郁金香型"、"H型"、"Y型"等一系形独特的造型，他的设计影响了整个时代。

20世纪60年代，英国设计师玛丽·匡特设计了轰动全球的长仅在膝盖以上的超短裙，与之相应的直线廓型成为当时的服装主流。

20世纪70年代，追求自由的年轻人喜爱上了宽松肥大的服装造型，倒梯形廓型成为当时的主要流行趋势，并且一直影响到80年代。宽厚的海绵垫肩成为女性服装的视觉中心，而下装则是紧凑的直筒裙，上部宽松肥大，下摆收窄的夸张的倒梯形造型体现了职业女性自信果敢的独特气质。

20世纪90年代出现了50年代的回归热潮，体现女性曲线美的"X"造型又一次受到青睐，整体造型适体，线条流畅，女性特有的优雅气质被表现得淋漓尽致。

4．决定服装廓型变化的要素

（1）肩：肩决定了服装廓型顶部的宽度和形状。

（2）腰：腰部作为人的视觉中心，对服装廓型的影响最为重要，尤其是女性服装。腰部对廓型的影响主要来自于腰部的松紧度和腰节线的高低。腰节线的高低变化可直接改变服装的分割比例关系。

（3）臀：作为体现女性性别特征的重要手段，臀部的造型变化可以说是一个重点。设计中对臀部的造型变化多用于礼服。

（4）底摆：底摆高度是服装廓型长度变化的关键参数，决定了廓型底部的宽度和形状，是服装外形变化最敏感的部位之一。20世纪，女性裙装的底摆线的位置就历经了由高至低的数次变化，第一个10年的长裙、20年代的至膝短裙、30年代的长及脚踝的长裙、40年代的中短裙、50年代仅裸半截小腿的中长裙、60年代的超短裙等，似乎每隔10年就有一次变化，这无疑成为时代变化和审美情趣的一个缩影。

（二）服装的结构设计

1．服装结构线的特性

服装的形态是由服装的外部轮廓和内部的结构分割构成的，而服装的整体形态又是通过对服装内部的分割、拼接构成的。从几何学的角度来看，这些结构是由直线、弧线、曲线组成的。直线具有简洁明了、干脆利落、硬朗的特点；弧线具有流畅、圆润、匀称的特点；曲线则具有柔和、轻盈、韵律的特点。对服装的整体外形的印象往往是通过服装的外轮廓获得的，而特点鲜明的结构线的合理运用可以起到强化服装造型特征的作用。如H廓型多以直线分割，而女性化极强的S廓型则以曲线分割来强化形象。

从设计学的角度来看，服装结构线主要分为省道、拼接线、褶等，这些结构线依据人体的结构及其运动规律而确定，主要围绕肩、腰、胸、臀四个部位展开，不仅要适应人体的凹凸变化，还要适应人体的运动规律，最大限度地满足人体机能的需求。这些结构线的运用可以更好地展示服装的空间美感，修饰人体，使实用与装饰的效果达到和谐统一。如图3-16所示。

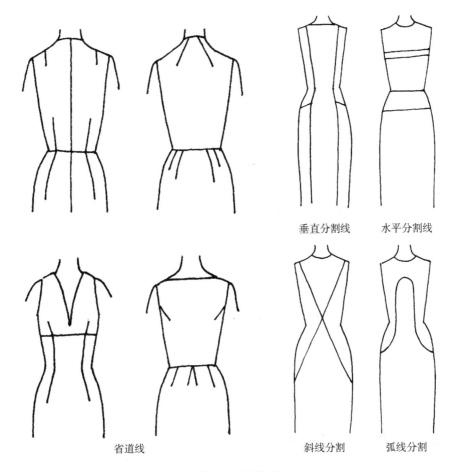

垂直分割线　　水平分割线

省道线　　　　　　　　斜线分割　　弧线分割

图3-16　结构线

2．服装结构线的种类

（1）省道：13世纪，在西欧出现了体现人体起伏曲线的立体服装，这种服装的出现缘于省道的运用。人体是凹凸不平、具有曲线变化的，当把平面的面料披裹在人体上时，人体与面料之间就会产生空隙，省道的作用就是通过收掉这些空隙使服装贴合人体，使二维的面料转化为立体的服装。

根据人体的部位不同，省道一般分为领省、肩省、胸省、腰省、臀位省、后背省、腹省、手肘省等，按其形态分，有枣核省、锥形省、平省等。

（2）拼接线：拼接线又被称为开刀线、分割线，它是指在服装设计中，为满足造型美的需求，将服装分割成不同的裁片后又缝合的线。拼接线主要分为实用性拼接线和装饰性拼接线两种。

服装的拼接线可以分为六种基本形式：垂直拼接、水平拼接、斜线拼接、曲线拼接、曲线的变化拼接以及非对称拼接。

（3）褶：除了上述的结构线外，装饰性较强的褶也应属结构线。褶是三维立体服装不可或缺的造型手段。褶所形成的线虚实相生，既可修饰形体，又可装饰局部，赋予服装的三维空间造型更多的形式美感，在现代服装设计中较多运用。

（三）服装的细节设计

1．领子的造型

领子处于服装的上部，在人的视觉中具有优选性，是服装造型设计中最为重要的部分。领子离人的面部最近，对于人的脸形具有修饰作用，同时具有平衡和协调整体形象的作用，是服装款式设计的基础。其构成因素主要有：领线形状，领座高低，翻折线的形态，领轮廓线的形状及领尖修饰等。

（1）领口：领口又被称为无领。此种领无领座和领面，其特点是造型简单，易显示颈部的美感，多用于内衣、裙装、童装、衬衫等的设计，设计时可做装饰，如滚边、绣花、镂空、拼色、镶花边、加条带。领口的基本形态有圆领口、方领口、一字领口、鸡心领口等，如图3-17所示。

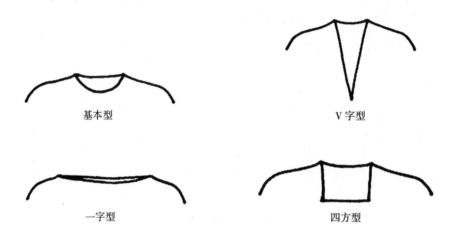

基本型　　　　　　　　V字型

一字型　　　　　　　　四方型

图3-17　领口造型

（2）立领：这是一种只有领座而无领面的领形，又被称为竖领。该领形造型别致，给人以利落精干、严谨、端庄、典雅的效果。西方人认为，立领具有东方情调，尤其是在我国传统的旗袍、中式便服中，立领是最具标志性的部分。另外，在少数民族服饰中，它也是最常见的领形。常见的基本立领有中式领、连立领、卷领、单立领等。

（3）翻领：翻领的基本造型是领面向外翻折。翻领的形式多样，变化丰富。常见的如平翻领、立翻领。因领角的不同又有圆领、方领等；因形状不同又有马蹄领、燕尾领、波浪领、铜盆领等。翻领因式样的不同而呈现各种风格，可用于不同的设计。

（4）驳领：驳领由领座、翻领及驳头三部分组成，其衣领部分与驳头相连，两侧向外翻折，前门襟敞开形成V字状，是典型的西服领形。驳领的式样众多，造型讲究，对工艺要求严格，要做到驳头与领子的前半部分平坦贴体，达到合体、平展、挺括、流畅的外形效果。驳领的式样与领座高度、翻折形态、驳头和领子与驳头外缘缺口的造型等多种因素有关。其基本式样有平驳领、戗驳领、倒驳领、连驳领等。图3-18所示为各种领形。

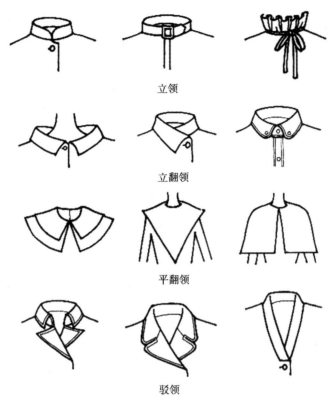

立领

立翻领

平翻领

驳领

图3-18 各种领形

2. 衣袖的设计

衣袖是上衣的重要组成，其造型和形态对衣身的造型效果影响非常大，基本形态为筒形。设计时要注意与服装整体造型的统一、协调。袖子的种类繁多，可以从不同的角度分类，按袖长分类，有长袖、中袖、半袖、盖袖、无袖；按袖形分类，有灯笼袖、马蹄袖、花苞袖、喇叭袖等；按袖片分类，有一片袖、两片袖、多片袖、两节袖、三节袖；按结构分类，有无袖、连袖、装袖、插袖。在这里，主要分析这四类袖形。

（1）无袖：这是一种无袖片的以袖窿作为袖口的袖形，又被称为肩袖。无袖造型简单，给人轻松、活泼之感，多用于女裙装的设计，展示女性修长的手臂。设计时，可在袖窿处做工艺处理和装饰点缀，也可对袖窿位置、形状、大小进行变化。

（2）连袖：指衣袖相连、有中缝的袖子。其肩部没有拼接线，肩形圆顺平整，也被称为连衣袖、连身袖、连裁袖。中式上衣多采用这种袖形，袖身与肩线呈水平线，可略有角度，采用直线裁剪，衣袖下垂时，腋下形成柔软褶纹，因此宜用柔软面料制作。此种袖形线条流畅柔和，高雅优美，具有东方情调。

（3）装袖：此种袖形是衣身与衣袖分开剪裁后再缝合，其形态是根据人的肩部与手臂的结构设计，完全符合肩部造型，立体感强，也称为接袖。装袖造型的关键在于肩部的变化、袖身的形状、袖口的设计。

（4）插肩袖：这是一种介于装袖与连袖之间的袖形，其袖片从腋部直插到领口，或称为过肩袖、插袖、装连袖。这种袖形造型线条简练，既有连袖的洒脱自然，又有装袖的合体舒适，多用于运动休闲装、大衣、外套等的设计，设计点在于衣身与插肩袖袖山拼接线的变化上。在袖形的造型变化中，袖山有高低和不同形状，袖身有长短、肥瘦、横竖分节、抽褶的变化，袖口有大小、口形、边缘装饰等设计，同时还要考虑到与服装整体造型的统一协调。图3-19所示为各种袖形。

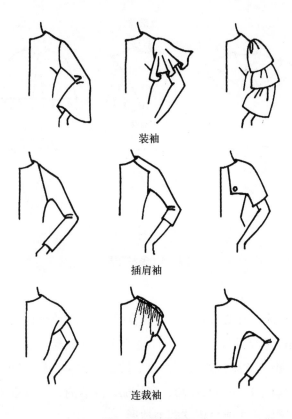

装袖

插肩袖

连裁袖

图3-19　各种袖形

3. 口袋的设计

（1）贴袋：贴袋是将面料剪成一定的形状直接贴缝于服装的表面，口袋的形状完全裸露于外，又称为明袋或明贴袋。依其造型，贴袋又可分为立体贴袋、平面贴袋两种。由于其附在服装外面，易吸引人的视线，因此装饰效果极强，对服装的整体风格可产生较大影响。

（2）挖袋：此种衣袋是根据整体设计的需要，在服装的某一部分剪开，形成袋口，袋布衬于内侧，又称为开袋、暗挖袋。设计变化主要在于挖袋的开口中，有横开、竖开、斜开、单嵌线、双嵌线等多种变化。

（3）插袋：这是一种设计在服装结构线上的衣袋形式，在结构缝线上留出袋口，夹在前后两层衣片之间，衬袋里布。插袋的袋口与结构线浑然一体，工艺要求高，多用于高档服装，显示高雅、精致、含蓄的特点。也可在袋口外采用镶边、嵌线、加袋口条、缝袋盖、加花边等装饰进行设计变化。图 3-20 所示为各种口袋的造型。

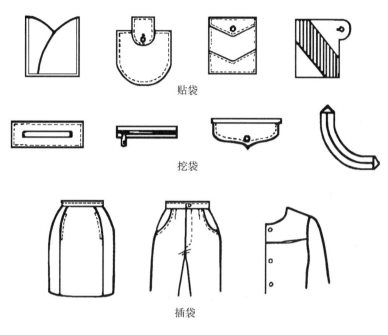

贴袋

挖袋

插袋

图3-20　各种口袋造型

4. 其他局部设计

除了上述的衣领、袖子、口袋是服装的重要附件外,服装整体造型中,还涉及其他诸多方面,如门襟、腰部、纽扣、襻带、下摆等。在这里仅对门襟、腰部设计做分析。

(1)门襟设计：门襟处于上衣前身部位,从造型上可分为对称式和非对称式两种。

对称式门襟以服装前身的中心线作为门襟位置,服装呈左右对称状态,这是最常见的门襟形式,给人以规律、安静、端庄之感。

非对称式门襟则是门襟线离开前身中心线偏向一侧,产生不对称的美感,也称偏门襟,给人以活泼、生动的均衡美。

(2)腰位设计:腰位是上装与下装相连的部位,在现代时装中,腰部的设计是备受瞩目的,也是下装设计的重点。依照腰节线高低的不同,腰位可分为中腰位(标准腰位)、高腰位、低腰位,腰位的高低设计,可以造成错视,调节身材比例。

服装的部件细节设计虽种类繁多,但各具特性。作为设计师,应对各种附件特点了如指掌,合理运用,使一些微小的附件在整体风格中起到画龙点睛的作用,如一枚精致的纽扣、一条浪漫的花边、一张个性的标牌都可以起到强调服装风格的作用。当然,对比效果的运用也层出不穷,如镶有水钻和刺绣的牛仔裤、奢华的毛皮外套上的金属钩环,无不显示着强烈的形式美。

第四节　服装制作

服装制作也称服装加工，它是服装构成不可缺少的一个重要因素。服装材料只有经过一定的加工才能成为服装，因而服装制作是实现服装的重要手段。

一、服装制作的分类

服装的制作过程通常分为两种：针对某一个体的单件定做和针对某一群体的批量成衣生产。我国在 20 世纪 90 年代，成衣生产所占的比例很大，但是由于批量生产的设计不能满足个性化的要求，单件定做也出现了少许的回升趋势。服装制作的发展趋势应该是成衣化生产和针对个体的定做并存。在本章中，主要针对现状进行论述。

（一）单件制作

单件制作也可以叫做家庭缝制（home made）或定做（order made）。一般来说，其制作过程如下：

款式与材料的确定→人体测量→绘制纸样→裁剪、标记→假缝→试穿、修正→缝制→着装检验。

（二）批量生产

成衣的批量生产系统是根据服装产品的种类和企业的生产规模而定的。一般情况下，服装业的成衣生产流程如下：

企划、设计确认→制板、推板→排板、裁剪→配送缝料→缝制→整烫。

二、成衣生产流程

成衣生产流程由生产准备工程、裁剪工程、缝制工程和整理包装工程等环节组成，如图 3-21 所示。

（一）生产准备工程

生产准备工程包括生产计划、用料预算、验布和预缩、系列样板制作、制订工艺等。

1. 生产计划

根据市场销售情况、时装情报以及流行预测情报等，确定企业生产何种产品、每种产品大致的生产数量等计划。

2．原料预算与采购

企业与客户签订订货合同后，企业的材料供应部门就要进行原材料准备。成衣生产中使用的原材料主要有成衣面料、里料、其他辅料和饰品等。

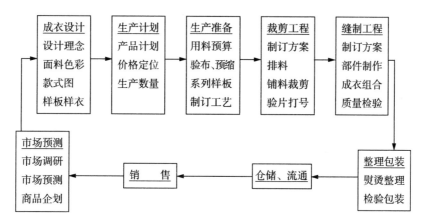

图3-21　成衣生产流程

3．验布、预缩

购入的原材料要进行数量复核、质量检验，必要时要把面里料进行预缩。面里料的数量复核包括长度和幅宽的准确率复核及差异检验，质量检验是按照产品的等级质量检验标准进行质量复核，对于预缩率高的面里料，为了保证成衣尺寸的准确性，要在裁剪前进行预缩。

4．试制样衣

批量生产之前要制作样衣，以检验款式设计和样板设计是否合理、是否符合客户的要求。如不符合要求，则应进行分析，若是设计的问题，需重新设计款式；若是样板的毛病，需修改样板，直到制成的样衣符合要求为止。

5．绘制生产用样板

根据确认的样衣、样板和相应的号型规格系列表等技术文件，绘制基本样板，并推出所需号型的样板。基本样板的尺寸常选用中心号型（如男装为170／88A）的尺寸，在此基础上按照号型规格系列表进行推板，最后得到生产任务单中要求的各规格生产用系列样板，供排料、裁剪及制订工艺时使用。

6．制订工艺

根据服装款式或订单的要求，依据服装产品国家标准以及企业自身的生产状况，由工艺技术制订师确定成衣的生产工艺要求和工艺标准、关键部位的技术要求、辅料的选用等内容。此外，技术部门还应制订缝纫工艺流程等有关技术文件，以保证生产有序进行。

（二）裁剪工程

裁剪工程的任务是按生产计划任务确定裁剪床数、排料划样、铺料裁剪、验片打号、分扎和粘衬，为缝制工程做好准备。

1．制订裁剪方案

制订裁剪方案也称为"分床"，是根据生产任务、号型、色彩来决定该批生产任务裁床每层上套排搭配不同规格的几件成衣、需裁几个裁床、每个裁床铺多少层面料，在保证生产任务准确无误地完成的同时，避免不必要的浪费。

2．排料

排料是按裁剪方案中已经确定的每层套排的规格和套排件数，将衣片样板进行合理排列，尽可能地提高面料的利用率，确定出每床的排料长度。

3．铺料、裁剪

铺料、裁剪的任务是按照排料图的长度和裁剪方案所确定的层数将面料平铺到裁床上，裁成所需衣片。

4．验片、打号和分扎

裁剪后，应经验片环节来检查所有裁片是否无疵点，是否符合裁剪工艺要求，如上下层裁片尺寸是否超差。另外，为防止各匹或同匹面料间的色差影响成品外观，需对裁片进行打号，以保证缝制时相同号的裁片组合缝制在一起。还要把裁片按流水生产组织的要求进行分扎，以方便流水线上裁片的分发。

5．粘合

为使服装外表挺括美观，在某些部位需敷粘上相应的黏合衬布。裁片在进入缝制车间之前，要使用粘合设备对需加黏合衬的裁片进行粘合加工。

（三）缝制工程

成衣生产中，需由技术或管理人员先制订出相关的工艺流程和标准、工时定额、工序编制方案等文件，再将各加工部件按照要求布置给相应的作业员，然后进行流水组合加工。为保证最终产品有较高的质量，整个缝制过程中的中间熨烫和中间检验是很重要的。缝制工程所涉及的人员、设备较多，工艺也较复杂，是整个服装生产的重要组成部分。

（四）整理、检验、包装工程

缝制车间加工出的成衣可能有褶皱和压痕，缝制过程中的线头或沾污等也还会存在，影响成品的外观和质量，需经过整理工程，对其进行熨烫、去线头、去污等整理。

经整烫的成衣产品要按照产品标准严格进行检验，通过终检确定合格的产品，可以包装待运。不合格产品，需再做修整处理。

综上所述，服装是由服装材料、色彩、款式和制作四个因素构成的，各个因素之间有着十分密切的联系和配合关系。配合得当，就能构成美好的服装。服装构成中各个因素，都是服装专业中相对独立的一门专业知识。作为一个服装专业的技术人员，需要对这些专业知识进行深入的学习和研究。

■ 思考题

1. 常见的服装面料有哪些？其特点是什么？市场上流行的新型面料有哪些？
2. 服装廓型的变化与社会变革、流行时尚有何联系？
3. 服装色彩有哪些独特作用？请举例说明。

■ 练习题

1. 对下一季色彩流行趋势进行预测，根据预测结果设计一系列服装。
2. 结合近年来女装流行趋势进行领形、袖形设计。
3. 收集优秀的服装设计作品，归纳、分析其廓型特点。

第四章 服装分类与分类设计

第一节 常见的服装分类方法

服装从起源发展至今，逐渐形成了不同的类别。常见的分类方法是从人们约定俗成的、在服装的流通领域易被接受的角度对其进行分类。

一、按性别或年龄分类

按性别分可将服装分为男装、女装、中性服装，按年龄分可分为婴儿服装（出生～1岁）、幼儿服装（2～5岁）、学龄儿童装（6～12岁）、少年装（13～17岁）、青年装（18～24岁）、成年装（25岁以上）、中老年装（50岁以上）。

二、按季节和气候分类

不同地域的服装，其季节特征有所不同。在我国，服装的季节可分为初春、春、初夏、盛夏、夏末、初秋、秋、冬。

三、按用途分类

（一）社交礼仪服装

社交礼仪服装指在婚礼、葬礼、应聘、聚会、访问等正式场合穿着的礼仪性服装。西方的礼服可分为日间礼服和晚间礼服。社交服的用料非常高档，做工精致，设计时需符合穿着者的身份、体态和风度，形式一般采用套装或连衣裙，如婚礼服、丧礼服、午后礼服、晚礼服等。

（二）日常生活类服装

日常生活类服装指在普通的生活、学习、工作和休闲场合穿着的服装，其包括的范围较广，由于穿着的环境不同，有时略带正统意味，有时也比较轻松、时尚，如上班族、休闲装、学生装、家居服等。

（三）职业装

职业装指用于工作场所而且能表明职业特征的标志性服装。根据职业特色、场所的不同，又可分为职业时装和职业制服。

（四）运动服

运动服是指人们在参加体育活动时所穿着的服装，可分为专项竞赛服和活动服两大类。专项竞赛服要适合不同竞技项目的特点、运动特色，而且要有代表参赛团体的标志，如田径服、网球服、体操服、登山服、击剑金属衣；活动服是人们进行一般体育活动时穿着的服装，如晨间锻炼的运动衣裤。运动服对服装的功能性、透气性、吸湿性要求非常高。

（五）舞台表演装

舞台表演装也称演出服，是根据舞台演出的需要或帮助演员塑造角色形象、统一演出的整体风格而设计的一种展示型的服装，常以独特的装饰或夸张手法达到令人惊叹的效果。

四、按民族分类

欧美地区传统和现行的西式服装是当今服装的主流，但世界各地都有典型民族特色的民族服装，如中国的旗袍、唐装，日本的和服，韩国的朝鲜服，这些都是人类文明的宝贵财富。

五、按生产方式分类

按生产方式，服装可分为成衣和高级时装两大类。所谓成衣生产是指按一定规格和标准号码尺寸批量生产系列化服装，是 20 世纪初伴随着缝纫机的发明进步而出现的服装制作形式。成衣又有普通成衣和高级成衣之分，普通成衣面向普通大众，价格较低；高级成衣在一定程度上保留或继承了高级定制的特点，针对中高级目标消费群的职业、文化品位以及穿着场合等进行小批量、多品种和适应性的设计。普通成衣与高级成衣的区别，除了其批量大小、质量高低外，关键还在于设计所体现的品位与个性。

高级定制服装又称为高级时装，最初是指源于 19 世纪中期的以欧洲上流社会和中产阶级为消费对象的高价奢侈女装，由著名设计师设计，并针对顾客体型量体裁衣，适合高层次的个性化消费需求。其设计风格独特、用料考究，精湛的手工制作与工艺、昂贵的价格是高级定制服装的主要特点。

六、按目标受众分类

按目标受众，服装可分为销售型服装、发布会服装、比赛用服装和特殊需求服装。

销售型服装首先是商品，设计时要考虑工业化批量生产的可能性与降低成本等因素；发布会服装一般是用于阐述品牌理念、预测流行或用于订货的服装。

七、按风格分类

法国著名设计师伊夫·圣·洛朗说过：潮流易逝，只有风格永存。流行风格是设计师构思设计时所制订的总体方向，表现为风格主题倾向，是设计师对流行的总体把握。

现代时装设计中，常见的流行风格主题有：简约主义、军服风貌、好莱坞风貌、西部风格、（19 世纪）50 年代风格、60 年代风格、70 年代风格、80 年代风格、街头风格、多层风貌、透视风貌、男孩风貌、朋克风格、嬉皮风格、雅皮风格、民间服饰风貌、波希米亚风格、几何线性风貌、解构主义、古典风格、哥特式风格、巴洛克风格、洛可可风格、超短风貌、异国情调装束、Hip Hop 风格、超大风貌、印第安风貌、波普风格、无性别风貌、纯情风貌。

第二节 服装分类设计的意义与原则

一、服装分类设计的意义

设计者在设计之前全面、细致、准确地理解各种形式的设计指令，才能得出令人满意的设计结果。服装分类设计是对分类服装提出总的设计要求，设计者应该在对这些单项的总的设计要求理解的前提下，对某个具体设计指令进行多方位的"设计扫描"，得出一个既综合多项设计要求又针对该设计指令的最佳设计方案。

二、服装分类设计的原则

无论设计何种服装，均要掌握三项总的设计原则。

（一）用途明确

这里的用途是指设计的目的和服装的去向。明确了服装的用途，设计才能有的放矢，准确击中目标。

（二）角色明确

角色是指具体的服装穿着者，除了年龄、性别外，还应该对穿着者的社会角色、经济状况、文化素养、性格特征、生活环境等进行分析。批量生产的服装是求得穿着者在诸多方面的共性，单件定制的服装则要找出穿着者的个性，并且要注意穿着者的身体条件。角色明确是在用途明确的基础上进行，没有明确的角色仍可进行设计构思——尽管会在穿着方面带有一定的盲目性，却并不影响服装的存在；没有明确的用途则无法进行设计构思，因为不知道穿着者想要什么东西。

（三）定位准确

定位包括风格定位、内容定位和价格定位。风格定位是服装的品位要求，内容定位是指服装的具体款式和功能，价格定位是针对销售服装而言的，合理的产品价格是设计者应该了解的内容。

第三节 各种服装的分类设计

一、职业装设计

职业装是表明穿着者职业特征的服装，根据其功用、穿着目的分为职业时装、职业制服、特种职业装三大类。

（一）职业时装

1. 概念

职业时装指从事白领工作的人们穿着的具有时尚感和个人感的个人消费类服装。

2. 设计原则

职业时装中的男装大多以经典的西装与衬衣、领带的搭配为主。随着服装界运动休闲风格的影响，西装的面料、造型、细节、工艺发生了改变，从"正式礼服"趋向休闲，成为男士职业时装的首选。

（二）职业制服

1. 概念和分类

职业制服是指按一定的制度和规范进行设计的、以标志职业特点和强化企业形象为目的的服装。从功用、穿着目的等方面，可划分为服务性行业制服和非服务性行业制服两大类，前者如金融、宾馆、餐饮、美容、商业制服等，后者如军服、警服、交通、文教、卫生、行业制服等，如图4-1所示。职业制服多由主管部门统一制订发放，设计时一般不考虑年龄。

2. 设计原则

（1）独特鲜明的标志性与系列性：职业服装的标志性，在于其能够反映不同的职业及职别，显示不同职业在社会中拥有的形象、地位和作用，在引导和激发员工对本职工作的责任心和自豪感的同时，形成强烈而鲜明的集团形象。在现代社会中，传统的以产品求发展、以质量求生存的企业理念已不能满足消费者更高层次的需求，以传达、推广企业形象认知为目标的CI（Corporate Identity，企业形象）系统的策划与塑造，对企业的发展、企业文化和精神的确定以及品牌权威的树立都十分重要。

（2）与职业活动协调的技能性：职业服装的穿着目的是使人适应职业活动和工作环境的需要，服装要通过舒适合理的服用和防护性能，将员工的生理、心理调整到良好的状态，以进一步提高工作效率。例如夜行交警服上的荧光条纹嵌饰、清洁工人的橘红色服饰色彩都是为了引起车辆的主意。

图4-1　校服设计（作者：谢天意）

（3）经济实用性：职业制服最基本的特征是它的实用性，设计时要考虑服装的舒适合体、穿脱方便、易于活动和适于工作等特点。同时，要考虑到职业制服的大批量性，应在美感、功能的前提下，尽可能降低生产成本，具体实施时可以从面料的选择、款式、结构、工艺的复杂程度等处着眼。

（4）审美性：职业制服除满足职业活动的需求外，其款式设计的变化推新等审美性也不容忽视。工作的美丽不仅体现在劳动本身，适当美化的职业制服，不仅能激发人们的工作热情，增加视觉感官的愉悦，减少劳动操作的紧张乏味，更能起到点缀空间和美化环境的效果。

（三）特种职业装

1. 概念和分类

特种职业装是在特殊工作环境下穿用的、用于防止环境对人体的危害而具备某些特殊功能的服装，有时又称特殊类服装，根据不同的防护功能，可分为防尘服、防火服、防水服、均压服、防毒服、避弹服、迷彩服、潜水服、宇航服等，如图 4-2 所示。

2. 设计原则

（1）机能性：设计特种职业装应充分考虑到运动机能性和保护身体机能性的特殊需要，突出其机能型的用途。设计时要密切结合人体工程学，方便身体的屈伸活动，保护身体的重要部位，可采用加层、封闭式或密闭式设计；衣袖衣摆及裤口最好有调节松紧的部件；选用材料应质轻，穿着舒适，以避免行动不便或消耗体力过大。

图4-2　防污服

　　（2）款式色彩：特种功能的服装崇尚实用机能性的造型结构，力求以最简单有效的手段取得最大的功能效益。款式设计时应注意轮廓清晰、线条简洁、结构科学合理。色彩选用时不能盲目选择，应从作业性质、环境条件、穿用季节、材料质地以及人们的心理等方面考虑。如防尘工作服，面料应以白色或淡色为主，以便及时发现污物，保持洁净。

二、休闲装设计
（一）概念和分类
　　休闲装又称便装，是现代生活方式衍生的具有舒适、轻松、随意、富有个性的服装（图 4-3）。社会发展的高度机械化，造成了紧张而单调的生活方式，轻松和自然成为人们的渴望和追求，这种心态反映在着装上就是对休闲装的喜爱。不同层次的消费者，对休闲装的风格追求也不尽相同。一般来说，休闲装根据风格可分为前卫休闲、运动休闲、浪漫休闲、古典休闲、民俗休闲和乡村休闲服装等。

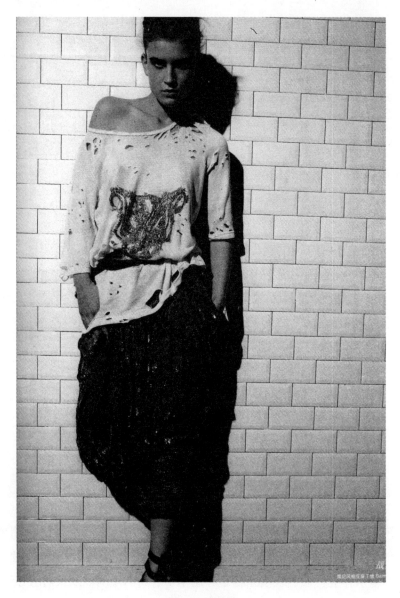

图4-3　休闲装

（二）设计原则

1. 前卫休闲

前卫休闲装是休闲装设计中最时尚、时髦、新奇甚至是另类、怪异的服装，通过与众不同的构思表达独特的设计感，多采用新型面料制作。

2．运动休闲

20 世纪 60 年代，法国设计师安德烈·库雷热（Andre Courreges）在男装设计中加入了运动元素，改变了传统观念上运动装只能作为运动专用服的概念，从此运动风格成为非常重要的设计方向，并且带动了人们生活方式的改变，自由清新的户外运动和休闲旅游的活动与运动休闲服装的发展相互渗透、影响，出现了沙滩装、登山服、马球衫、高尔夫装、遮阳镜等服装及服饰。此类服装一般采用适合人体活动的外形轮廓（H 型），面料舒适透气。

3．古典休闲

古典休闲装在设计上以合理、单纯、节制、简洁和平衡为特征，具有唯美主义倾向。其面料及图案受流行左右较少，裁剪制作精良、面辅料选用较高档，风格比较正统、保守，款式简洁，喜用素色。

4．商务休闲

商务休闲装主要以夹克、衬衫、T 恤、毛衫等为主。与普通休闲装不同，商务休闲装选料精细，裁剪合体修身，讲求档次。而且，在色彩上，商务休闲装打破男装传统的"黑白灰"，大胆采用清新明快的米色、黄色、粉色等，并添入不少时尚流行元素，彩色花格、条纹、几何图案的运用，使整体风格显得自然随意，比西装等正装穿着、搭配更为自由。在面料上，采用水洗、免烫等面料，服装外形坚挺又易于保养。这些都成为商务休闲装走俏的主要因素。

三、礼服设计

（一）概念和分类

礼服也称社交服，原是参加婚礼、葬礼、祭祀等仪式时穿着的服装，现泛指参加某些特殊活动和进出某些正式场合如庆典、颁奖、晚会时所穿用的服装。礼仪用装美丽、得体，既要表现出穿着者的身份，又要表现出形体美与场景的适应性。

（二）设计原则

1．一般社交礼服

一般性社交礼服是人们进行交往活动时的装束，如聚会就餐、访问等场合穿着的服装。与传统的正式礼服相比，款式、选材比较广泛，风格优雅、庄重，造型也比较舒适实用，如一些裙装、长裤套装。

2．晚礼服

晚礼服是夜间的正式礼服，是出席正式宴会、舞会、酒会及礼节性社交场合时的正式礼服，是礼服中最正规、庄重的礼服，女装多采用露肩、袒胸长裙的形式，男装一般着燕尾服。

女子晚礼服在造型、色彩、面料、细节等方面都非常讲究，丰富的廓型设计如 S 型、X 型、A 型、Y 型勾勒出女性的形体美，选用飘逸、柔软、透视的闪光缎、塔夫绸、蕾丝花边等高档面料，配以刺绣、钉珠、镶滚、褶皱 等装饰手法，如图 4-4 所示。

图4-4　晚礼服

3．婚礼服

婚礼服是指在举行婚礼仪式时，新娘、新郎及伴郎、伴娘、嘉宾等穿着的礼仪服装，尤其是新娘服装是整个婚礼服设计的重点。在西方国家，新人的婚礼在教堂中举行，接受神与众人的祝福，是非常神圣的仪式，且白色又被视为纯洁的象征，所以新娘的礼服以白色裙装为主，款式多采用连衣裙形式，如图 4-5 所示。

图4-5　婚礼服

　　我国的婚礼服以传统旗袍和中式服装为主，面料多采用织锦缎、丝绸，色彩一般选用大红色、象征着喜庆、吉祥，寓意着婚姻生活幸福美满。

　　4．创意礼服

　　创意礼服是指在礼服基本样式的基础上加入诸多创意设计元素的一种设计形式。创意礼服的发挥空间比较大，能够表达设计师更多的想法，故受到许多设计师的青睐，如中国的设计师张肇达、吴海燕、凌雅丽、郭培等。

四、内衣以及家居服装设计

（一）内衣设计

　　内衣是女性不可缺少的服装，广义而言，只要是穿着在最内层的都称为内衣。内衣具有保护肌体、表现优美体型和重塑身形等功能。随着社会的进步，人们对生活品质追求的提高，内衣已成为服装中的重要组成部分。内衣设计趋向多样化、流行性，并且，男性的内衣也越来越多地受到商家和消费者的广泛关注。20 世纪 90 年代，内衣外穿风貌流行，表现为内衣形式的时装化，设计师将内衣设计元素（紧身胸衣结构、吊带、蕾丝花边、透明面料等）运用到日常服装的设计当中，并与其他服饰混搭，使内衣设计外衣化。

内衣按功能主要分为三大类：矫形内衣、贴身内衣和装饰性内衣。

（二）家居服设计

家居服是指从事家务劳动、居家休息、娱乐时穿着的便装，主要有睡衣、睡裙、浴衣。

家居服的整体风格应符合温馨的家庭生活。家居服的外形一般以长方形为主，局部变化应比较简洁，可以用收细褶、滚边做装饰。不同年龄、不同性别的人所穿着的家居服在款式上的变化也不大。家居服的结构要合理，宽松的服装可以方便人体活动，但服装过于宽松有时也会给人的活动带来不便，设计家居服要掌握适当的宽松度。居家专用劳动服有频繁穿脱的需要，门襟和开口都不要太复杂，可使用简便的襻带和魔术贴来解决衣服的开合。实用性的口袋在家居服中也是不能缺少的。

家居服的色彩不宜过分艳丽，色彩之间的对比也不宜太强。家居服中常见的色彩为中性或中性偏暖的灰色。柔和、淡雅的粉红色更能增添家庭生活的温馨。家居服的图案不宜太怪诞，小碎花、小方格、细条纹和可爱的卡通图案都利于烘托安宁、平静的整体风格。

家居服的面料应根据穿着用途加以选择。在一般情况下，家居服的面料最好选用棉织物。但是，在一些特殊情况下，如下厨或从事园艺的劳动服，还是使用化纤材料较好，因为化纤材料容易清洗。

五、针织类服装设计

（一）概念和分类

针织服装指以线圈为基本单位、按一定组织结构排列成形的面料制作的服装，而机织类服装面料是由经纬纱相互垂直交织成型的面料，以其面料特殊、造型简练、工艺流程短等特点区别于机织服装，如图 4-6 所示。

（二）设计原则

针织服装质地柔软、弹性较大，穿着舒适、轻便，可以充分体现人体的曲线美，并且具有很好的透气性和保暖性，能满足现代人崇尚休闲、运动、舒适、随意的心理，顺应流行趋势，变得更加时装化，成衣化。进行此类服装的设计时，应突出面料特有的质感和优良的性能，采用流畅的线条和简洁的造型。由于针织面料不宜采用复杂的分割线和过多的缉缝线，为消除造型的单调感，常常采用装饰手段来弥补其不足。可在式样平淡的服装上巧妙地添加各种饰件，例如，在衣领、袖口和下摆点缀亮片、飘带、蝴蝶结、胸针、胸花、项链等装饰品。装饰图案也是针织服装中常有的一种美化方法，局部印花、贴花、织花、刺绣等可起到点缀、调节气氛的作用。

图4-6　针织服装

六、童装设计

（一）概念及分类

儿童时期指出生到16岁这一年龄阶段，包括婴儿时期、幼儿时期、学龄儿童时期、少年时期四个阶段。童装即是以这四个年龄段儿童为对象所制作的服装的总称，因此儿童装的设计定位要随着每个成长期而有所变动。现代意义的童装设计与成人服饰一样，不只满足于功能方面的需要，同时融入了更多时尚文化元素，营造出和谐、丰富多彩的着装效果。

（二）设计原则

1. 婴儿服装

从出生到1周岁称为婴儿期，是儿童生长发育的显著时期。身体结构的特点是头大、颈短，头高与身长的比例约为1∶4，腿短且向内呈弧状弯曲，头围接近胸围，肩宽约相当于臀围的一半，因而几乎没有胸、腰、臀围的区别，仅头围较大。

（1）舒适性：面料要吸汗、柔软、有弹性。比较适合的有棉、丝、亚麻等天然面料以及针织或机织面料。为了保护婴儿娇嫩的皮肤、柔软的骨骼，婴儿装要便于穿脱，其款式设计应尽量简洁、平整、光滑，最少接缝或缝份外露，造型上宜用 O 型、H 型等宽松舒适的造型。由于婴儿头大、脖子短、婴儿装领子设计通常采用无领或交叉领等领窝线较低的领型设计，以方便婴儿颈部活动。不宜给婴儿选择从头上套穿的服装，以免穿脱不便引起婴儿烦躁哭闹，所以婴儿装通常采用开门襟、斜襟设计。

（2）安全性：尽量避免使用会给婴儿造成不适的辅料，例如松紧带、拉链、厚重纽扣等。成人装或大童装使用的硬质蕾丝花边、珠片等都不适合用于婴儿装，可使用扁平系带、质薄体轻的无爪扣等安全舒适的辅料。刚出生的婴儿对色彩的感知较弱，色彩以白色或浅色为主，而深色、鲜艳的颜色易脱落，应防止染色中有毒物质对婴儿皮肤造成伤害。

2．幼儿服装

1 ～ 5 岁为幼儿期，这个时期的儿童，身高体重迅速增长，体型特点是：头大、颈短、肩窄、身体前挺、腹部突出。此阶段儿童活动频繁，身体、思维和运动机能发育明显，服装设计时要考虑他们身心发育的特点。

幼儿服装的设计应考虑实用功能，幼儿的颈短，领子的设计宜简洁、平担而柔软，不适合过于繁琐的领型和装饰过多的花边，领型一般以小圆领、方领、平坦的披肩领为宜，还可采取滚边的无领式、V 字领、圆领等，一般不采用立领。为了使幼儿自己练习穿衣，穿脱方便，门襟的位置尽量设计在前面，并使用全开合的门襟。各类背带裤、背带裙、连衣裤、连衣裙等也较为合适，这样的造型结构有利于幼儿的活动，使玩耍时裤、裙不至于滑落下来。

幼儿服装是童装中最能体现装饰趣味的服装，因此设计幼儿服装时要充分利用装饰手法，符合这一时期孩子的特点。幼儿服装的装饰设计有图案设计和仿生设计等。幼儿服装的色彩可以是鲜艳明亮的，也可以是色调柔和的，色彩应用非常广泛。

幼儿服装的面料使用要符合这一年龄段的特点，夏季要求用透气性、吸湿性较好的纯棉细布，如泡泡纱、各种针织面料。秋冬季幼儿内衣要用保暖性好、吸湿性强的针织面科，外衣以耐磨性强的灯芯绒、斜纹布、纱卡、厚针织料等为主。

3．学龄儿童服装

6 ～ 12 岁的儿童被称为学龄期儿童，这个时期儿童身高约 115 ～ 145 厘米，身高比例约 5.5 ～ 6 个头长，女童身高普遍高于男童，身体趋于坚实、四肢发达、腹平腰细、颈部渐长、肩部也逐步增宽，男女童的体型及性格已出现较大差异。孩子的运动机能和智力发展非常显著，频繁的集体生活使孩子的活动范围从家庭转向学校，生活变成以学习为中心，逐渐脱离幼稚感，对事物有一定的判断力和想象力，多数孩子性格越来越活跃。

校服一般是学龄儿童集体活动时的统一着装，具有整齐性、标志性的特征。除了校服外，学龄期儿童的日常服装在色彩、面料及款式造型方面也不宜太过夸张和繁琐，这个阶段的孩子运动量较大，服装以简洁、舒适、便于运动为好，面料采用耐磨性、透气性较好的涤棉、纯棉等材料，秋冬季外套宜用粗呢、各式毛料和棉服，以增加保暖性。缝制工艺要牢固。

4. 少年服装

13 ~ 17 岁的中学时期为少年期，少年的生理、心理状态变化较大，是儿童向青年过渡的时期。少年生理上有显著变化，心理上的波动较大，他们很注意身体的变化，情绪不稳定，易产生逆反心理，喜欢表现自我，强调个性，引人注意，对衣着有自己的观念，父母的着装观念影响开始减弱，讲究时尚性、群体性，如图 4-7 所示。

图4-7 少年装设计（作者：李雅靓）

少女身材日渐苗条，显露出胸、腰、臀线，肩线也较明显，已接近成年人体型，所以服装的造型除塑造纯真可爱的形象外，还要体现体型的美感，造型简练大方，以 X 型、长方形、梯形等造型为主，结构适度宽松或合身。上衣和裙子可设计得稍短些，以体现女孩子活泼可爱的青春气息。

男少年装的设计应体现出富有朝气的男子气概，造型简练大方，结构和图案硬朗、刚强，体现个性，但不宜有过多装饰。少年的日常运动和业余爱好范围较广，大部分喜欢踢球、骑车、玩滑板、郊游等运动，因而在设计时要充分考虑这一特征。

第四节　服装的系列设计

一件以上的若干件服装可形成一个系列，服装的系列有许多划分方法，大致上有以下几种系列。

（1）同一穿着对象的系列：如婴儿系列、少女系列、中老年系列等。

（2）不同穿着对象的系列：如母子装、父子装、情侣装等。

（3）同一系型的系列：如裙子系列、裤子系列、T恤系列等。

（4）不同类型的系列：如内外衣系列，上下装系列，三件套，四件套以及内衣中的三角裤、胸罩、短裤、短裙、长裤、长裙、上衣、长夜衣等七件套、八件套系列。

（5）同一季节的系列：如春、夏、秋、冬系列。

（6）同一面料的系列：采用同一种或同类面料，但款式色彩不同的系列。

（7）不同面料的系列：采用不同面料设计同一类型的服装形成的系列。

（8）同一色彩的系列：采用同一色彩或同一色系由面料高级设计形成的系列。

一、服装系列设计的原则

服装的系列设计应遵循以下原则。

（一）统一变化

系列设计必须统一，才能称之为"系列"。"统一"就是在系列产品中有一种或几种共同元素，将这个系列串联起来使它们成为一个整体。只有"统一"没有"变化"，产品就太单调。在统一的前提下，一个设计构思可以经过微妙的变化，延伸在不同的产品中，形成丰富而均衡的视觉效果。要做到统一而变化，就是要对产品的某一种特征反复地以不同的方式强调。

（二）主题突出

主题突出就是要强调有价值的设计点。这个设计点可以是一个结构细节、一种面料搭配方式或者是一种图案等，只要它具有吸引消费者的潜力，就可以成为一个系列的设计点。主题将这个设计点以启发性、趣味性的文字表达出来，而产品则将文字的概念具体化。

（三）层次分明

层次分明要求在系列产品中有主打产品、衬托产品、延伸产品、尝试产品。主打产品是设计得最精彩、最完整的产品，它使设计点很完美地展现出来；衬托产品则相对弱一点，无论视觉效果还是设计手法都相对平淡一些，它的作用就是衬托主打产品；延伸产品就是把主打产品的精彩之处进行延伸变化，使整体的分量更足；尝试产品就是进行更大胆的设计，对一些非常规的设计手法进行尝试，以增添系列产品的视觉效果，同时吸引目标消费者中更前卫的消费者。

二、服装系列设计的出发点

（一）从设计主题出发

设计主题是指设计的中心思想，它是设计主要的线索。从设计主题出发进行系列设计，将设计限定在一个主题范围内，可以使系列服装设计的方向明确、整体统一。

（二）从设计风格出发

从风格出发，能体现一个设计师或一个品牌的个性特征，形成有别于他人或其他品牌的标志性特征。风格的形成与固定在一定程度上标志着设计师和品牌的成熟。因此不论是对于设计师还是对于品牌，都要在风格的形成与延续上做不懈的努力，以达到突出自我、延续设计魅力和品牌生命力的目的。

（三）从功能出发

这是以服装的使用功能为首要点的构思方法，它根据人们从事不同职业、出席不同场合，适应各种时间以及行程活动等特征展开构思进行系列设计。

（四）从色彩出发

在服装的三要素中，色彩设计最具视觉冲击力，也是颇见功力的一个设计元素。从色彩出发，可以让系列服装从视觉上更好地和谐统一，视觉效果饱满，富有冲击力。色彩设计上的优势会让系列产品的风格更鲜明，如图4-8所示。

（五）从造型出发

从造型出发是设计师最常用的构思方法。使用这种构思方法是先从每套服装的外轮廓着手，再逐步向局部、细节慢慢延伸，直至整个系列的产品完整丰满起来。设计者要注意观察总结，充分考虑到形式美法则的要求，照顾到整体与局部造型的关系。

（六）从图案、纹样出发

各种图案、纹样是很多设计师灵感的来源，这一元素的运用也比较常见的。在设计前搜集创作元素时，民族元素中的借鉴最主要的一个元素就是图案纹样。图案纹样的题材多样，有民族的、现代的、前卫的、童趣的……在进行系列设计时，可以将某一图案元素贯穿一整个系列，以增强服装的整体感。

图4-8　从色彩出发进行系列设计

（七）从材料出发

有人说"现代设计就是服装材料的设计"，这种说法虽有些偏颇，但从一定程度上说明了在服装设计中，面料的选用占据了极其重要的地位。设计系列感的最终实现从很大程度上取决于面料的选用，因此服装的系列设计也可以通过面料的选用实现。

（八）从工艺出发

服装的工艺是指服装造型完成过程中所需的各种手段，它们不仅是服装各部分的联结方式，有时还是服装的重要装饰手段。在系列产品中，工艺的合理安排不仅影响到生产成本和服装品质的高低，而且还会关系到产品的整体效果。

三、服装系列设计的主要方法

　　服装系列设计的方法因人而异，但总有一些规律性的东西可供参考。对这些方法的熟练掌握与应用，可以让学习者更快、更好地进入到专业设计实践工作中去。服装设计方法不但是一种技术手段，它更是实践经验不断积累的成果。设计方法的总结与应用会因为侧重点不同，得出的结论不同。我们介绍几种常用的设计方法供大家参考使用。

（一）同型异构法

　　这是一种在服装造型不变的基础上，改变其内部结构，如：装饰线、拼接部位、装饰部位、工艺手段、色彩搭配等设计元素，从而产生服装的系列感，如图4-9所示。

图4-9　先求整体造型统一，再实现色彩变化

（二）整体法

整体法是指从事物的整体出发，先确定事物的整体框架，再从事物的各个局部开始进行配合，逐步展开并完善的设计方法。这种设计手法的使用更易对系列产品进行整体把握，全局统筹。

（三）局部法

局部法是指设计从服装的某个局部开始，先确定服装的某个局部造型再逐步延伸整个系列服装整体的方法，这是一种以点带面的设计方法。

（四）加减法

加减法是指增加或删减原有事物中必要或多余的部分，使其复杂化或简单化。服装设计在其造型手段的应用上，无外乎做的"加法"与"减法"。设计师根据流行的变化，增加或减少服装上的设计元素，改造服装的部分特征，包括款式造型、装饰手法的变化等。所表现的外在特征为"简洁"或"繁复"，视具体情况灵活使用，如图4-10、图4-11所示。

图4-10　系列设计中的减法

图4-11　系列设计中的加法

（五）追踪法

追踪法是以某一设计灵感或设计元素为中心，在设计出一款之后，思维不会就此停止，而是继续追踪其相关事物加以分析整理，不断产生新的设计造型的方法。这种方法能够将设计思维进行最大限度的发散，使设计更好地得到拓展，提高设计的速度和数量，从而适应工作中大量的设计任务，这在系列设计中是十分有效的。

■ 思考题

1. 目前常用的服装分类方法有哪些？
2. 你认为还有哪些服装分类方法？
3. 各类服装的设计原则是什么？

■ 练习题

1. 设计一系列 3～5 款女性白领职业装，要求时尚与古典相结合。
2. 设计一系列 3～5 款休闲装，要求款式新颖，有创意。

第五章 服装的流行

　　流行有如魔术师神奇的手,将服饰世界描绘得五色繁杂、七彩斑斓。也可以简单地理解为,流行就是单位时间内群体的喜爱偏好。具体来说, 就是在一定的历史时期,一定数量范围的人,受某种意识的驱使,以模仿方式普遍采用某种生活行动、生活方式或观念意识时所形成的社会现象。在新的流行开始之时,它与现存的流行相比处于弱势,但随着发展,它将替代现存的流行,成为新的流行热潮。这种替代是不断变化发展的。流行就像河流一样,它的源头只是涓涓溪流,有时甚至是冰川的水滴,当它汇聚无数溪流,流到中游后便形成了广阔江河,但顺流直下, 它又将被分流,最终流入大海,被大海吞没。

　　服装流行是人们精神生活的典型表现,它是一定时间和空间范围内人们对服装(包括款式、色彩、材质及着装方式)等的喜爱,并通过模仿使之成为整个社会的普遍现象,成为大众共同的喜好。服装的流行跨越了国界,世界各地的人们创造着不同的服装风貌,却又在一定时期表现出惊人的相似。作为反映时代风貌的一面镜子,服装的流行反映出一定区域、一定时期人们的审美倾向、文化面貌及社会的发展历程。今天,服装已经成为时尚流行最鲜明的载体。

　　当今服装流行的本质意义在于, 它将服装的表演性、艺术性向商业的实用性转化,逐步形成一种引起人们注意的新潮事物。当人们认可并模仿后,流行便进入了盛行期。这种具体的服装流行性被广泛接受后,会造就日益庞大的消费群体,为服装业创造出无限的商机。同时,服装流行也是社会经济兴衰、人们文化水准、审美、心理、意识、观念等方面的综合体现。服装设计者研究服装流行的趋势和规律,可以更好地把握时尚的脉膊,了解消费倾向,设计出适应时代需求的作品。

　　服装流行的过程可以分为三个阶段。

　　(1)流行的初级阶段:往往只有少数人接受。这类人热衷于探索前所未有的新的不同点,喜欢标新立异,展示自己的个性,认为穿着只有在"与众不同"的情况下才能真正体现它的价值,才能够宣扬和突出自我。在现代人的心目中,个性化地走在流行的前端远比与流行本身重要。比如年轻人不喜欢普通人衣着的世俗限制,于是把目光投向受传统约束较少的亚文化群落,并在潜移默化中影响而造就着新一轮的流行。

　　(2)流行的发展高涨阶段:当新的流行渐渐被更多的人接受时,其他人会迅速地加入流行行列中来,以获得"跟上时代"的安全感。由此可见,流行对于现代人来说太重要了。流行的服装对自己来说是否适合或许并不重要,重要的是服装本身的流行。比如日本的女孩一度流行穿短裙，其实日本女孩大多腿型不是太美，如果穿长裤或是长裙都可以掩盖这种缺陷，但为什么要穿短裙呢？其实是因为日本的时尚流行"露出你又细又长的大腿"。人们迷醉于流行，在现代社会，谁也不愿做一个流行的落伍者。

（3）流行的衰亡阶段：当一种流行被大众参与普及后，就失去了该流行的新鲜感和刺激性，使追逐时尚的人对此流行失去兴趣。与此同时，新的流行又在寻机勃发，迫使原有的流行退出时尚舞台。

第一节　服装流行的形式

千百年来，人与人之间在初次见面时都喜欢通过服装来传达彼此的信息。在人来人往的大街上、气氛严肃的会议室或是轻松热闹的娱乐场，通过观察一个人的衣着打扮，即便不做任何交谈，也可以对着装者的性别、年龄和社会阶层了解得一清二楚，甚至还能对职业、出身、性格特点、兴趣品位、思想以及心情等有所见解。因此，从人见面和交流的那一刻起，已经用一种更古老和更世界性的"语言"在彼此沟通，那就是服装。

服装是人们生活当中最普通的物质，但又不可缺少。它的存在就像水、就像蛋白质、就像维生素，有时平凡得甚至让人忘了为何要拥有它。然而服装流行却是平凡中的不平凡，它告诉你"原来生活可以是这样的"。

服装的演变，可以说是人类文明发展的一面镜子，从微观角度看，它能够反映出着装者方方面面的细节；从宏观的角度来看，它又可以反映出时代的特征以及经济文化的现状。服装的变化速度在不同的国家、地区是有差异的。但是在社会高度发展的今天，越来越多的人不约而同地关注着它的发展和运行规律。

流行能实现人们的幻想、丰富人们的生活、满足人们的心理需求，并且为人生增添各种色彩。服装往往在人们的个性表现和社会规范之间起着平衡、协调的作用，流行则是在不同时代环境条件下对这一作用的充分反映。

回顾漫漫的服装历史长河，服装流行的形式是复杂的，各种不同的自然因素和社会因素都能产生不同规模的流行。一般地，服装流行的形式可以分为以下三种。

（一）自上而下的流传形式

自上而下依次引发的流行方式通常是由富有的、上层社会率先发起，而后再被民间逐步效仿而形成一种流行现象。这种流行方式在中外服装史上十分普遍。

在我国南朝时期，宋武帝之女宋寿阳公主有一日卧于含章殿下，忽然树上飘落一朵梅花，不偏不倚恰好落在寿阳公主两眉之间，"拂之不能去"，宫女们见了觉得十分姣好，便用胭脂涂在额上纷纷效仿，最初也画成梅花样，后来就不拘一格了，被人们称做"寿阳妆"或"梅花妆"，以至遍及黎庶，成为女子必不可少的面妆式样。一直到宋代时，词中仍有"呵手试梅妆"的文字描述。《后汉书·马援传》又有："城中好高髻，四方高一尺。城中好广眉，四方且半额。城中好大袖，四方全匹帛。"这首《城中谣》里的"城中"，其实也可以理解为"宫中"，就是作为天子脚下的京城长安，完全领导着全国的"时尚潮流"，宫中妇女喜欢梳着高高的发髻，全国妇女的发髻就会高达一尺；宫中妇女的眉毛画得又宽又阔，全国妇女的眉毛就能覆盖半个前额；宫中妇女喜欢宽大的衣袖，全国妇女就恨不得用整匹帛做成衣袖穿着上街。类似的古代谣谚还有"楚王好细腰，宫中多饿死"，"齐王好紫衣，齐人皆好也"之类，都反映了"上有所好，下必甚焉"的流行现象。

在欧洲，这样的例子也举不胜举。路易十六时期法国是欧洲文化的中心，凡尔赛更是欧洲流行时尚的引领者，而引导时尚的领袖，就是路易十六的皇后安特瓦内特。欧洲上流社会无论服饰、发型还是其他打扮，都以安托瓦内特的口味为标准，以安特瓦内特为中心向外辐射，起先是法国的宫廷，然后是法国的贵族，然后是整个欧洲。当时整个欧洲的时尚，都唯安托瓦内特马首是瞻。19世纪末丹麦亚历山德拉公主与英国国王爱德华七世结婚时，穿着一件在前胸和背部有四条分割线的八片身礼服，这种服装突出胸部、收束腰部、扩大了臀部，显示出女性的线条之美，后来该款式风靡于全欧洲，人们便称该款式为"公主线"。在20世纪60年代，美国总统肯尼迪的夫人杰奎琳·肯尼迪的穿戴极富个性，她独到的审美情趣，成功地倡导了美国的流行时尚。1963年，她在一次公开露面时戴了一顶"碉堡式"帽子，这种样式立刻成为时尚，人们不管年龄大小而竞相模仿。

（二）自下而上的流传形式

自下而上的流行方式是从社会下层的消费行为开始，逐渐向社会上层推广，从而形成消费流行。

在19世纪的最后10年中，欧洲上层社会的正统派人士们企图制止民间去除女子衬裙的服装现象，但是立即遭到了各地妇女的强烈反对。一个"不用衬裙联盟"在最保守的伦敦诞生，结果是全英国12万名妇女发誓响应这个行动，迫使宫廷无能为力。到头来，这种不用衬裙的女裙赢得了上层社会妇女的青睐。另外，乞丐装能够堂而皇之地成为时装就更能表明这种流行形式，如今高档西服的肩部和肘部打上差色布或皮革的补丁就是由乞丐装演变而来的，但是人们不仅没有表现出反感情绪，反而把它美其名曰为"肘垫补"，穿在政府首脑和大学教授的身上。最能说明服装自下而上流行且具有相当强的影响的例子，就是牛仔裤的风靡。1849年美国兴起淘金潮，由于当时矿工们的衣服非常容易破损，人们迫切希望一种坚韧耐穿的衣服。在这种背景下，坚实耐用的牛仔裤就应运而生了。1853年，当时有位名叫里维·斯特劳斯（Levi Strauss）的布商采用意大利的一种叫做"jeans"的粗糙帆布制作出世界上第一条工装牛仔裤。大受矿工们的欢迎。到了20世纪50年代，随着西部牛仔电影的风行，一种浪漫、潇洒、粗犷的牛仔形象掀起了一场席卷全球的蓝色风暴，从美国的西海岸蔓延到全世界的每个角落。从那个时期开始，牛仔装逐渐脱离了工装裤的概念。从工人、学生，到富有的商人、好莱坞的明星甚至是王室的成员、总统和第一夫人都开始穿着这种轻松又随意的服装。

（三）水平流传形式

水平流传是指按照人们居住的地域分布对服装流传的形式进行划分，这种划分不包括社会成员等级区别对服装变异的影响，专指服装受地域影响在水平方向上所发生的变异状态。与前两种服装流行形式相比较，水平流向更显示出形式的多变与不稳定性，可以细分为以下四种水平流传方式。

1. 中心向四周辐射

这种流传形式的普遍特点是从大都市向周围中、小城市，再从城市向周围乡村的辐射。几乎每个国家的大都市都是政治、文化、经济、对外交流集中和交融的重地，汇聚了丰厚的物质财富和丰富的精神文化。特别是聚集了大量的富户，包括社会中的领导集团成员和大企业家与大金融家，这就为服装流行的诞生和推陈出新提供了充裕的物质条件和社会条件。

巴黎、纽约、米兰、伦敦、东京，是服装流行的发源地。在每年的时装发布会期间，世界各地的成衣商、服装评论界、新闻记者都关注着这几个城市最新发布的时装流行信息，迅速向世界各地报道和传播，以掀起新的时装潮流。这五个服装流行中心，以别国难以匹敌的实力和号召力，起着自中心向四周辐射的服装流的特殊作用。

2. 沿交通线向两侧扩散

交通线是人类各个区域间借以沟通的网络，凡是有人来往并从事有意交流的通道都可视为交通线。在交通线上，不管交通工具的性能和速度如何，它们都负载着人和货物到达目的地，与此同时，也将文化的种子传播到那里及沿途各地。在这来来往往的交通线上，文化得到了传播与融合。服饰作为文化的载体，是最能引起人兴趣而且又是人人不可缺少的日用品兼艺术品，更容易被交通线两侧的人们率先穿戴而成为时髦。在这些交流之中，流行的现象首先反映在沿途人民的服饰工艺上。

在中外服装史中，交通线两侧居民受其感染而引起服饰变化和发展的例子有很多。当年拜占庭帝王赠给罗马查理曼大帝的"达理曼蒂大法衣"，上面绣有多组希腊罗马神话人物，将衣服展开，宛如西斯延大教堂上的壁画，画面中的图案纹样可以追溯到美索不达米亚，后来又相继为埃及人、叙利亚人和君士坦丁堡人所模仿和发展。

欧洲中世纪的罗马式时代，由罗马天主教会和西欧封建主向地中海东岸各国发动了举世闻名的历时约两个世纪之久的侵略战争——十字军东侵，十字军远征虽然严重破坏了西亚和东罗马的社会生产和文化，但是东方的珍宝、美丽的衣服和布匹被十字军带回欧洲，东方服饰华美的魅力征服和影响了西欧人，模仿东方封建主的豪奢生活成了西欧封建主阶级的风尚。而十字军所到之处，其服饰也引起了沿途人民的兴趣，与服装有关的材料也从这时打破了地方性的制约，服装文化从质和量两个方面都得到了提高。

3．由沿海向内地推演

许多服装流行的形成是由于接受了外地、外国的影响而产生的。沿海地区缘于海上贸易的繁荣，所以"近水楼台先得月"，相比较之下，内地人想得到外域人的新式服装，很大程度上是依靠沿海地区人民来传播的。

我国民国时期的上海被称为"东方巴黎"，巴黎的浪漫气息洋溢于整个上海，在这里，服饰超越了国界，各种风格异彩纷呈，上海成为新潮装扮的发源地，左右全国的流行趋势，即使南京、苏州、北平等大城市也唯其马首是瞻。

4．邻近地区互相影响和渗透

相毗邻的地区，包括大至国家，小至村庄的人们互相学习，互通有无，这既不费力又十分自然。且不说在国际服装流行中，总是某一新款式在一个国家刚刚出现便会迅速传到毗邻和靠近的国家，就是在一个国家以内，也是邻近的城市或乡村的人首先受到影响。历史上，中国和日本就是因为相邻而很早便开始了文化交流。中日的区域邻近程度被形容为"一衣带水"，这无疑为服装的传播和渗透确立了有利的地域条件。除此之外，中国与朝鲜，朝鲜与日本，中国与越南，越南与老挝、柬埔寨之间，长久以来一直存在着这种服装的影响与渗透。

由于工业化大批量生产的特点以及新闻媒体传播的大众性和广泛性，使得新款服装的流行讯息可以同时到达社会的所有阶层，即流行性在各阶层同时出现。服装设计师或服装企业（公司）正是利用这一点将服装信息迅速广泛传播，以达到刺激人们的追逐潮流的目的。由此可以看出工业化大批量生产和信息化时代的到来，是服装流行的水平流行形式得到最大程度上实现的基础。

服装流行趋势会由街头向上移至上流社会、从富商名流向下传往市井小民，或是呈现闪击效应般地水平移动，但偶尔也会集合向上攀爬、水平移动以及迅速消长等各种现象而呈"之"字形移动。

第二节　服装流行的原因

服装所具有的自然属性和人文属性，决定了流行原因的多样性，但总体来讲，有内因和外因两个方面。内因指的是人的心理活动产生了对美的事物的向往、对新鲜事物的欲求，促成了流行的周而复始的变化；外因则是自然因素、社会因素等外在环境对流行起到了推动或制约作用。

一、自然因素

在关于服装起源的论述中，自然因素是服装产生的基本因素之一，它决定了服装的实用性功能，正是自然因素的存在对服装的流行起到了宏观的制约作用。

　　人们所生活的地球，气候自然条件各有差异。地域环境的不同、四季的更替都对服装的流行产生重要的影响。不同的地域环境下，温度、湿度、光照、风速等存在很大差异，为适应这些气候特点，服装也各具特色，相对于服装流行这个总体概念而言，世界各地的人们根据其所处的不同的气候条件对服装的款式、色彩、材质及着装方式进行适度的选择和调整。当然，气候环境的优劣也影响了流行的周期变化，气候条件较好的地区，周期变化短；反之则长。

二、社会因素

　　服装的发展反映了人类文明变迁的历史，一个社会的政治、经济、文化思潮、科学技术、战争等因素都对当时、当地的服装潮流产生重要影响。

（一）政治因素

　　服装与政治的关系密不可分。纵观人类历史的发展，每一次政治的变革，都不同程度地推动了服装发展的进程。在中国历史上，服装作为政治的一部分，其重要性远远超越了服装在现代社会的地位。政权的制度使得服装在款式、色彩上都表现出很强的等级色彩，服装成为政权和等级地位的象征。中国历代区分尊卑等级的"易服色"，就是重要表现。为达到"天下治"的目的，君主对服色制订了严格的规范，天子、诸侯乃至百官，从祭服、朝服、公服一直到常服，都有详细规定，任何人不得僭越，显示出浓厚的政治色彩。服装的流行也因此存在于不同的社会阶层中，具有明显的等级色彩。

（二）经济因素

　　经济因素对服装的影响显而易见的，经济落后、生活水平低的时期，服装成为护体遮羞之物，是社会规范、生活习俗的需要。经济发达、生活水平高的时期，人们对服装的需要便跃入了精神层面，服装成为可以使心理得到满足、使人心情愉悦之物，更是追随社会流行的重要载体。

　　新型面料、辅料的开发运用，加工手段的开发，服装市场的运作经营，都是以经济作为依托，同时，服装的流行又代表着一种高雅的、新鲜的生活方式，彰显一个地域、一个国家人们的生活水准、经济状况。我国从改革开放以来，国民经济增长，人们的审美观念随思想的开放进一步深化，不再满足于过去一成不变的款式、色彩，对服装的要求不断提高，更多地注重服装的新颖性、时尚性、舒适性、个性化，服装流行的速度越来越快，品牌意识逐渐深入人心，国际著名品牌纷纷将目光瞄准中国，服装文化空前活跃。对服装美的认识，刺激了人们对高品质生活的追求，也进一步促进了经济的再发展。

（三）文化思潮

　　一种流行现象往往是在一定的社会文化背景或是文化思潮下产生的，服装的流行同样受到了不同的时期文化思潮的影响，表现出迥异的服装特色。在封建社会，历代帝王利用思想上的大一统方式来巩固其统治地位，这一点在历代的服饰中表现尤为深刻。如宋代流行程朱理学，强调封建的伦理纲常，提倡"存天理，去人欲"。宋代服饰也一改唐代繁荣富丽、宽大自由的服饰风尚，表现为十分重视恢复旧有的传统，推崇古代的礼服；在服饰色彩上，强调本色；在服饰质地上，"务从简朴"，"不得奢华"。

（四）科技的影响

自19世纪初英国工业革命以来，服装行业迅猛发展，织布机、羊毛织机的发明和化学染料印染技术的产生，化学纤维、合成纤维的问世，使服装产业发生了质的飞跃，这无疑是科学技术带来的深刻影响。特别是现代科学技术的高度发达，各种新面料，先进的纺织技术、印染技术，给面料的质感、花色都带来了更多创新。近年来，高新技术的研究被应用于服装材料，这些高科技面料应用，不仅强化了服装的物理性能和化学性能，也使得服装具有了更高的技术含量，这一切都给现代服装设计提供了更大创意空间。

一个人的文化背景、物质条件、精神追求，在很大程度上决定了他的生活方式，生活方式又影响了其对服装流行的选择。社会的发展也使得人们的生活方式趋于多样化与个性化，物质条件的发达带来的是对新鲜事物的热衷和追求以及对艺术、对美的渴求，这一切都对服装流行和传播提出了更高的要求。

三、生理因素

"衣必常暖，然后求丽"，服装的实用属性、人的生理特征与服装流行有着密切的关系。服装是人的"第二层皮肤"，是"人体的扩展与延伸"。如前所述，由于自然环境、气候条件等的不同，服装就成为人们用以避体保暖的重要工具。服装的隔热性能、透湿性能，服装材料的力学性能、可燃性、静电性、防水与防风能力，服装的合身程度、对身体的压力以及对皮肤的触感等，都是对服装最基本的要求。人们的审美观不尽相同，但对服装的生理要求却大同小异，唯有可以更好满足人们生理要求的服装才能得以流行和传播。

四、心理因素

爱美之心是人类与生俱来的本质，在服装生理性需求的同时，人的各种复杂的心理性需求对服装的流行产生了重要的推动作用。

（一）两种心理倾向

在影响服装流行的心理因素中，存在两种心理倾向，分别是求异心理与求同心理，它们可以说是服装流行产生的原动力。

所谓求异心理，是指追求新、奇、异的心理。社会中总有一部分人群，他们喜欢与众不同，喜欢在芸芸众生中特立独行，这种心理往往是通过个体的着装表现出来，这些人总是走在潮流的最前端，是时尚的引领者。

而另外一部分人，则时刻抱以求同的心理，他们喜欢安于现状，不愿被别人看到自己有任何特殊之处，愿与周围的人保持一致。他们不喜欢标新立异，希望融合于大众，在习惯中获得安定感。这部分人是服装流行的消极追随着。

（二）爱美求新心理

人对美的追求总是无止境的，从原始社会的刺面文身到现代文明社会的时尚装扮，无不体现着人们的爱美之心，这也正是流行普及的重要因素。

正如上所述，当求异心理的人群创造出新奇、美的形象时，就会吸引一大批追随者，这些追随者在爱美求新的心理作用下将流行普及开。他们是流行的积极追随者。他们不同于求异心理较重的人那样喜欢与众不同，也不像求同心理的人对流行抱以消极态度，他们对美好新鲜的事物有敏感的嗅觉，对时尚的服装造型、色彩、面料能迅速接受。

（三）模仿心理

模仿是人类的重要心理现象。亚里士多德曾指出：模仿是人的一种自然倾向，人之所以异于禽兽，就是因为善于模仿，他们最初的知识就是从模仿中得来的。

严格来讲，模仿是服装流行和审美过程中重要的传播方式，正是因为有了模仿，流行才能得以成为一种普遍的社会现象。新鲜美好的事物往往容易打动人们的心，时尚的服饰装扮成为竞相追逐的风向标。人们就是通过对流行时尚的模仿来获得追随的权利，以此来寻求一种心理上的平衡。

第三节　服装流行的基本规律

一种事物开始兴起时，会受到人们的热切关注、追随，继而又会司空见惯，热情递减，产生厌烦，最后被完全遗忘。法国著名时装设计大师克里斯汀·迪奥说："流行是按一种愿望展开的，当你对它厌倦时就会去改变它。厌倦会使你很快抛弃先前曾十分喜爱的东西。"这种发生、发展、淡忘的过程是流行的基本规律，也可称为一个流行周期。任何事情的发展都有它自身的变化规律，服装的流行也不例外。

服装的流行具有明显的时间性，随着时间的推移而变化，这种变化是有规律的，表现为循环式周期性变化、渐进式变化和衰败式变化规律。

一、服装流行变化的基本规律

（一）循环式变化规律

循环式变化规律是指一种流行的服装款式被逐渐淘汰后，经过一段时间又会重复出现大体相似的款式，所谓"长久必短，宽久必窄"，说的就是这个规律。但这种流行的方式是在原有的特征下不断地深化和加强，使流行的变化渐进发展。这种循环再现无论是在服装造型焦点上、色彩运用技巧上，还是服装材料使用上，与以前相比都有明显的质的飞跃，它必然带有鲜明时代的特征，运用更多的现时的人文、科技发展的结果，必然更易被社会所接纳。

（二）渐进式变化规律

渐进式变化规律是指有序渐进的意思。流行的开始常常是有预兆的，它主要是经新闻媒介传播、由世界时尚中心发布最新时装信息，对一些从事服装的专业人员形成引导作用，而导致新颖服装的产生。最初穿着流行服装的毕竟是少数人，这些人大多是具有超前意识或是演艺界的人士。随着人们模仿心理和从众心理的加强，再加上厂家的批量生产和商家的大肆宣传，穿着的人群越来越多，这时流行已经进入发展、盛行阶段。当流行达到了顶峰时，时装的新鲜感、时髦感便逐渐消失，这就预示着本次流行即将告终，下一轮流行即将开始。总之，服装的流行随着时间的推移，经历着发生、发展、高潮、衰亡阶段，它既不会突然发展起来，也不会突然消失。

（三）衰败式变化规律

衰败式变化规律是指上一个流行的盛行和下一个流行的蓄势待发有结合点。服装产业为了增加某种产品的获利，在流行的一定阶段会采取一些延长产品衰败性存在的时间措施，同时又在忙碌着为满足人们再次萌生的猎奇求新心理创造新一轮流行的视点。

二、服装流行的时间性

（一）流行的时空性

服装的流行联系着一定的时空观念。时间与空间都有它们的相对性。在不同的空间和时间里，服装有它强烈的时效性。因为"新"在流行的过程中是最具有诱惑力的字眼，流行只有在"新"的视觉冲击中才能保持旺盛的生命力。所以，今天流行、明天落伍便成了司空见惯；服装更新得越快，它的时效就越短。从法国服装中心几十年来展示的服装中，可以看到风格的突变：曾经是色彩灰暗、宽松的服装流行全球，继而便是金光闪闪、珠光宝气、缀满装饰物的服装充斥市场；喇叭裤虽然以挺拔优美的气质独领风骚许多年，但仍无力抵挡流行的浪潮，终被宽松的"萝卜裤"替代，紧接着又出现了直筒裤、高腰裤以及实用而优雅的宽口裤、九分裤、七分裤等。服装款式的变化、花样翻新令人目不暇接。近年来，就连人们认为变化比较稳定的男装，也因流行潮流的冲击在不断变化。因此，只有把握流行时间的长短和空间的范围，才能保证服装流行的效应。

（二）流行的周期性

服装流行在经历了萌发、成熟、衰退的过程而退出流行舞台后，又会反复出现在流行中，即说明流行有周期性。流行的周期循环间隔时间的长短在于它的变化内涵，凡是质变的，间隔时间长；凡是量变的，间隔时间相对会短一些。所谓质变，是指一种设计格调的循环变迁。若一种服装款式新颖，可能流行一年、两年就过时了，但它仍旧还是一种风格，只不过不再是一种流行款式而已；若干年后，它可能又会以新的面貌出现。美国加利福尼亚大学教授克罗在观察了各种服装式样兴起和衰落后，得出的结论是：服装循环间隔周期大约为一个世纪，在这之中又会有数不清的变幻……人类对于服装特征的研究表明，某种服饰风格或模式趋向于十分有规律的周期性重现。时尚周期的另一尺度与"循环周期"的原则有关，即一定时期的循环再现。近年来，国际服装流行的周期性循环现象比比皆是，如典型外轮廓造型之一的直筒式，是流行于 20 世纪初迪奥风格服装的再现。而"复古"、"回归"、"自然"等主题，也都是服饰风格的周期循环。

人类不同的历史文化背景、观念意识，对审美的影响是深刻的。当代是人类的个性自由充分发展的时代，人们的审美千差万别，一些历史的审美观往往以新的形式复活，服装的周期性循环正好说明了这点。

第四节　服装流行的外界推动

服装流行是一种动态的集体历程，然而它却以因人而异的方式影响着个体的生活。在服装流行的历程中，新的服装风格被创造出来，然后被介绍给社会大众，并且广受大众喜爱。个体 的创造力和求同与求异之间的矛盾冲突，将服装流行带到一种更为个人化的层次。人们对流行服装的涉入层次和他们赶上服装流行趋势的程度各不相同，但是当流行改变了人们对外观风格的共识或取得某种服装的集合时，却很少有人能够不受流行的影响。

一、设计师在服装流行现象中的作用

服装流行现象是由消费者产生的。但是服装设计师在服装流行领域里起到了指导性的作用。从过去到现在，一直都是设计师在做引导。人们仿佛是设计师手中的提线木偶，被他们的气质与灵感拨弄得时而欣喜若狂，时而大失所望。下面这几位便是在 20 世纪曾经对服装的流行起到过重要作用的设计师。

1. 查尔斯·费雷德里克·沃斯（Charles F.Worth）

沃斯是结合了英国先进的裁缝工业与女帽制造业的第一人，也是世界上第一位使用真人模特和真人时装表演的缔造者，他为 19 世纪的上流社会与资产阶级创造出各种精致的高级服饰，在品牌意识和流行风格意识这两方面起到重要的奠定作用。他首先在所设计的法国皇室和贵族阶级的淑女服装上签名，确立了服装品牌的意识，是一个重大的突破。多少年来，设计服装的匠人仅仅是裁缝而已，通过他的创造，裁缝终于被社会承认为"服装设计师"，从这个角度来看，沃斯推动了先导意义的时装的形成，是一个重大的进步。

沃斯是巴黎高级时装业的创始人，被誉为"高级时装之父"。1858 年，他与人合作在巴黎的和平路（Rue de la Parix）开设了巴黎第一家高级时装店"Worth and Bobergh"。他是许多女装样式和剪裁手法的发明者，第一个开设时装沙龙；创立了每年向特定的顾客举办作品发表会等一系列独特的经营方式；他是第一个向美国和英国的成衣厂商出售设计的设计师。他的成就为巴黎现代成高级时装行业的形成、确立"世界时装发源地"和"世界流行中心"的国际地位奠定了基础。

2. 保罗·普瓦雷（Paul Poiret）

保罗·普瓦雷以摧枯立朽的能力推翻了女用紧身胸衣控制服装的长期垄断，创造了新的时装，从而成为时装设计的第一人。他的口号："把女性从紧身胸衣的独裁垄断中解放出来"成为时装革命的号角，启发了设计家，也启发了女性，使她们对于服装开始有了全新的看法和体验，因此开创了新的时代——时装的时代。

3. 玛德琳·维奥内（Madeleine Vionnet）

维奥内夫人创造了斜线剪裁方式和精致的下垂式的衣裾下摆式样，她的设计强调女性自然身体曲线，反对紧身衣等填充、雕塑女性身体轮廓的方式，有"裁缝师里的建筑师"、"斜裁女王"的称号。此外，她的设计服装不用任何纽扣、别针，仅仅利用斜纹的伸张力，即能轻易地穿上脱下。她的设计自然、漂亮、贴合人体，令人称奇。如果没有她的设计，今天好莱坞的电影女星们在奥斯卡颁奖仪式的服装可能大减风采了。

4. 加布里埃勒·夏奈尔（Gabrelle Chanel）

她是 Chanel 品牌的创始人，是现代时装重要的奠基人物之一。1913 年，夏奈尔女士创立 Chanel 品牌，推出第一个夏季运动服装系列，将女性从束缚中解放，这吸引了当时有品位的巴黎前卫女性。1924 年，她推出了著名的黑色小礼服，掀起舒服、实用的时尚风格。无领粗花呢套装、黑色小连身裙、亦真亦假的珍珠配饰，至今仍是 Chanel 的经典标志。她的重大贡献不仅在于设计了一些具有国际影响的时装，而且改变了时装设计的游戏规则，把时装设计以男性的眼光为中心的设计立场，改变为女性以自身的舒适和美观为中心的立场，女性服装表现了自信和自强。

5. 艾尔莎·夏帕瑞丽（Elsa Schiaparelli）

她在设计生涯开始时的设计口号是要"设计出适合工作的服装"，她的最大贡献是带动和完成了时装设计从 20 世纪 30 ～ 40 年代的转型过程。她的一些设计有相当前卫的艺术性、娱乐性，有时候甚至有些花哨，但是如果从整体来看，她的设计的面貌是简单和舒服的。对夏帕瑞丽来说，没有什么是不可能的。她第一个将拉链用到时装，也第一个把化纤织物带入高级时装界。什么材料到她手上都会被赋予生机，阿司匹林药丸可以做项链，塑料、甲虫、蜜蜂拿来做首饰等，她的这种艺术创造力和想象力使她在现代时装史上具有非常独特的地位。

6. 克里斯特巴尔·巴伦夏加（Critobal Balenciage）

自从 1947 年开始，全世界都在谈论迪奥和他的"新面貌"设计，女孩子都在追逐"新面貌"时装，但是，行业中人都知道，真正具有创造性、对于时装发展真正作出贡献的是克里斯特巴尔·巴伦夏加。时装摄影师西西尔·比顿曾经说："他奠定了未来时装发展的基础。"巴伦夏加的设计极为雅致，他设计的女性正式礼服可以在最讲究的场所穿着。他的设计总体感强，又有丰富的细节处理。他是第一个设计无领女衬衣的设计师。他喜欢使用昂贵的、大部分是比较挺括的材料来使造型更加突出。他的设计技术影响了许多后来的时装设计师，包括安德烈·库雷热、伊曼纽尔·温加罗（Emanuel Ungaro）、休伯特·德·纪梵希（Hubert de Givenchy）和克里斯汀·迪奥都受他很大的影响。

7. 克里斯汀·迪奥（Christain Dior）

迪奥被赋予"温柔的独裁者"称号，他的设计是雅致的代名词。1946 年他在巴黎奢侈品之都蒙田大道（Avenue Montaigne）30 号创建了自己的时装店，次年推出第一个时装系列"新风貌"（New Look）引起了巨大轰动，把 19 世纪上层妇女的那种高贵、典雅的服装风格，用新的技术和新的设计手法重新大张旗鼓地推广，其作用之巨大，在时装史上是非常罕见的。他的另外一个重要的贡献是为了打破因循守旧、历久不变的时装式样的烦闷，每年春秋各推出一个新的设计系列，在 11 年中间一共是 22 个系列，这在后来已逐步成为时装设计师的主要经营手法。在造型上，他把女性服装的廓形按照英语字母 A、H、Y 或者阿拉伯数字 8 来设计，完全征服了女性的心。

8. 伊夫·圣·洛朗（Yves Saint Laurent）

伊夫·圣·洛朗 17 岁时，便被世界知名的时尚杂志 *VOGUE* 发掘，被誉为神童。21 岁时，他因克里斯汀·迪奥过世而继任 Dior 工作室的首席设计师，他的设计天才使他被公认是迪奥最好的接班人。圣·洛朗纵横流行舞台，呼风唤雨 40 年，创造了无数流行符号。从 1957 年开始，梯形裙、小礼服、狩猎装、战争造型时装、嬉皮装、中性服装、透明装等无不风行一时。圣·洛朗弄潮时尚界，但从不媚俗，在探索新样式时总是将立足点放在传统精神的继承上，赋予高级时装以时代意义。

二、流行中心对世界服装流行的影响

中世纪之前，服装的"国界"绝对清晰，国际性流行基本不存在。13 世纪后期，法国逐渐成为欧洲文化的重心国之一，经过约 4 个世纪的蓄势，在路易十四统治时期（1661 年始），法国的欧洲文化中心地位达到了顶点。文化扩张是路易十四统治西方图谋的一部分。他耗费巨资建起了凡尔赛宫，用上等设备和精美的艺术品装点起来。极尽富丽的凡尔赛宫顿时成为欧洲上流社会时髦生活的窗口，路易及宫廷的奢华生活方式、华美的服饰也被整个欧洲的皇室贵族争相模仿。为了满足对精美织品、缎带和绒绣的需要，国王在里昂建起了纺织厂，在阿兰康建起了花边厂。这被认为是法国作为世界时装中心的开端，也是初具现代色彩的服饰流行跨越民族和国家界限的重要一步。从此时到查尔斯·沃斯创立高级时装，法国服装的影响大幅扩展，向欧洲以外辐射。法国高级时装在世界史中的地位无比辉煌，它独领风骚至20世纪中期，虽不具备工业化色彩，但却奠定了统领世界服饰潮流的坚实基础，影响持续至今。

英国对现行服装工业的影响更为直接，这并非由于法国高级时装的祖师是个英国人，而是由于英国引发了工业革命。纺织是工业化的先导行业之一。西方成为当今世界服饰文化的源头和典范，很大程度上得益于先进的生产方式和领先的经济。进入20世纪，特别是"二战"结束后，接力棒转到了美国的手上。尽管没有高级时装的辉煌背景，但美国以其雄厚的资本、技术、管理和市场实力，迅速攀升到世界成衣产业的上峰，进一步确立了西方经济的鳌头地位，也壮大了西方对世界服饰的主宰力量。成衣成为美国特色文化的一部分，和好莱坞电影、麦当劳快餐一起，越来越多地进入了人们的生活。

以前一直只有法国是世界服装的流行中心，但现在它却不得不和欧洲其他流行重镇以及美国、日本等地来共同分享主导流行的权利。在国际化服饰流行大潮中，世界服装流行中心起到了举足轻重的影响力。下面，让我们关注一下世界各地服装流行中心城市在以往的服装流行现象中做出了哪些实质性的贡献。

1. 巴黎

巴黎是现代时装的发源地，它浪漫、优雅的时装影响着世界流行和时装业的发展，同时也通过其独特的发展模式影响全球的时装业。巴黎是公认的欧洲时装发源地。巴黎的高级定制女装是世界独一无二的，其设计、结构、面料、工艺及附属装饰配件代表时装设计和制作的最高境界。法国进入17世纪时已经发展成为一个专制制度极盛的国家，宫廷服饰和贵族服饰登峰造极地奢侈与豪华，为巴黎成为世界时装中心奠定了坚实的基础。巴黎又是欧洲文化艺术的中心，巴黎的文化环境加之发达的纺织工业，特别是贵妇亲自主持时装沙龙，形成了以沙龙为导向的时装流行网络。这也培育了高明的服装设计人员以适应服装的社会需求。巴黎的服装从这一中心向四周辐射，吸引了欧美各国的豪绅巨富来巴黎旅游、购物、显示时髦的服装。因此，从四周涌入的购买人流形成了对巴黎服装业强有力的积极的刺激，奠定了巴黎世界时装中心的地位。

2. 米兰

世界时装名城中米兰崛起较晚，但如今却独占鳌头。"二战"结束后，意大利以面料和服装加工闻名于世。随着服装业的发展，意大利设计师凭借传统的工艺和文化底蕴，使米兰逐渐成为仅次于巴黎的时装发布中心。米兰时装主是高级成衣，它与巴黎高级女装竞争的武器是更为持久的商业化实践和更强的对不断变化的消费需求的适应能力。他们吸收延续了巴黎高级时装的精华，并且融合了自己特有的文化气质，形成了属于自己的一种风格，追求高雅、方便、舒适、自由，其休闲和年轻化的高级成衣是现代审美情趣和生活方式的完美诠释。

3. 伦敦

英国伦敦最早以花呢和男装量体裁衣闻名于世，服装业的发展主要在"二战"后。20世纪60年代，年轻设计师崭露头角，象征自由、青春活力的迷你裙等款式风靡西方。20世纪70年代，英国设计师重新着力突出传统和高质量的毛织物和定制男装，如做工精湛的雅格狮丹（Aquascutum）和巴宝莉（Burberry）品牌服装。现代伦敦时装是传统与前卫、保守与创新、古典与现代风格携手并进，吸引着逆反的年轻一代和循规蹈矩的老一代，创造出令世人瞩目的时装风格。

4. 东京

时装一向是西方人的世袭领地。过去，日本服装曾被看作低质廉价的代名词，而东京近年来正以一个不断吸收、发布新信息的时装中心的姿态在飞速发展，各种时装发布会召开极为频繁。麦西公司（Macy's）流行副总监将日本打入高级时装市场比喻成"能让整个画面更加丰富的碎花布"。东京服饰的主要特征是以全新概念诠释穿着，将人体视为一个特定物品，将面料视为包装材料，在人体上创造出美好的包装视觉效果。东京的设计师认为时装是"文化的工具"，他们擅长于挖掘日本及东方传统中的精华，并将古典传统与纤维技术巧妙结合。

5. 纽约

纽约作为一个重要的时装名城兴起于20世纪40年代，第二次世界大战使美国设计师有机会脱颖而出，70年代以后，纽约时装已经形成典型的美国风格。它以20世纪日益加快的生活方式为背景，重视个性、强调质量，更多地考虑功能性并且兼具舒适的特点。纽约时装趋向大众化、平民化，经久耐穿，价格多元，这些特点使纽约时装大量生产，行销世界各地，遍及各阶层，开辟了成衣生产新纪元。尤其在便装生产上，纽约更领先各时装中心，产品讲究机能，极具活力。

在人们的生活中，"时装"早已成为"流行"的同义词，因此也代表"国际化"。所谓流行，是国际的流行，时装是国际流行的款式，色彩是国际流行的色彩，甚至世界各地的人们所讲的时髦语汇都是一致的。从纽约到东京，大家都视同样的品牌和服饰为时髦，世界上出现了好几个制造时尚的中心：巴黎、伦敦、纽约、米兰、东京等。有时，现代的时装、流行式样、流行色彩未必需要经过时装设计师之手，未必需要某个具有时装传统文化的国家发起，仅仅一两个精明的市场经销部分、市场公司就能够把一个品牌炒热，使之成为流行品牌，从而人为制造流行风格。这种流行波及所有的服装和饰品，无论是T恤还是运动便鞋，都可以变成时髦的对象，即所谓可以膜拜的商业对象，虽然并没有时装设计师的参与，但是经过这样推动起来的时髦风气，在流行的程度上绝对不亚于早年的沃斯或者普瓦雷、夏奈尔这些人设计的时装。

三、传播媒介对服装流行的作用

服装之所以能在不同的地域和不同的人身上有其特定的流行方式，都是因为服装流行的传播所起的作用。传播是服装流行的重要手段和方式，如果没有传播，就没有流行，也就不可能呈现出如此多样的着装风格。服装流行的传播媒介主要有以下几种。

（一）发布会及各种展示

1. 服装发布会

服装发布会是服装流行传播最为直接的方式，它通过直观的展示，使消费者对新一季的流行现象更为清晰、明了、准确，并通过这种方式，使消费者的审美情趣与流行时尚产生碰撞、达到共鸣的效果，以此推进服装流行的传播。

服装发布会具有流行的导向作用。巴黎、米兰、纽约、伦敦、东京在每年的1月和7月举行高级时装发布会，每年的这两个月，世界各地的著名设计师云集于此推出自己的新作，设计师们的新作具有极强的流行导向性。另外，每年的2月和9月的高级成衣发布会又将设计师的原创作品成衣化，进入营销渠道。新一季的流行色、独特的面料质感，配合时尚的款式风格，流行在全世界范围迅速扩散蔓延。

2. 各种展示

除了服装发布会之外，与服装相关的各种展示活动，对服装的流行也起到了积极的传播作用，如以推销、促销新产品为目的的成衣博览会、订货会、交易会等，再如表现设计创意、展示服装特色的服装表演，都具有强大的市场导向作用，可刺激消费者对流行趋势的感悟，引发消费者的购买欲望。

（二）媒体传播

这是一个信息时代，资讯的发达给人们的生活带来了日新月异的变化，时尚成为人们生活中不可或缺的一部分，人们热衷于对时尚的追随。网络、影视、报纸杂志……各种媒体成为流行时尚传播的最佳渠道，媒体既是服装流行的重要手段，又对流行起到了重要的推动作用。服装流行资讯包括了流行趋势的预测、流行信息的发布及设计师手稿等，这种具有流行导向作用的服装资讯，成为业内人士及消费者了解流行趋势、把握时尚脉搏的重要途径。

1. 平面传媒

（1）时尚期刊：时尚期刊是现代人时尚生活的重要内容，多分为两种，一种专业性较强，倾向于对流行现象的剖析、对时尚人物的介绍，发表专业性论文等；另一种是休闲性较强的服饰生活刊物，多介绍一些流行讯息、服饰搭配、形象塑造等内容。

作为一种全球性的文化现象，服装的流行早已不再局限于地域性的自我延展，服装流行资讯就是借助了这些时尚期刊将各种流行信息在短时间内迅速传向世界的各个角落，目前仅专业性的时尚期刊就有几十种，如 *COLLECTIONS WOMEN*、*GAP PRESS*、*FASHION SHOW* 等女装发布会时装秀刊物，*CAWAII*、*MINI*、*CUTIE*、*HAPPIE* 等日本街头少女装刊物，*LINEA INTIMA ITALIA*、*INTLMO PIU'MARE*、*DIVA*、*THE- BODY*等流行内衣刊物。各种大众性的时尚杂志更是层出不穷，如美国的 *VOGUE*、法国的 *ELLE*、日本的《装苑》，仅 *VOGUE* 杂志就有美国、英国、法国、意大利、德国、西班牙、澳大利亚、巴西、墨西哥、新加坡、中国大陆及台湾地区等十几个版本，是世界上发行量最大的时尚杂志。这些时尚期刊以其时尚性、娱乐性、时效性吸引了众多的读者，尤其是以年轻人居多。可以说，时尚期刊是当今时代流行资讯传播的重要媒介之一。

（2）专业流行资讯 MOOK：MOOK 主要是指专业流行趋势研究机构发布的流行趋势报告以及各设计工作室设计新作或设计师作品手稿，再就是由相关的图片公司、时尚媒体或个人整理的发布会图片集，有人称其为 "magazinebook"（杂志与书的组合）。MOOK 既具有杂志的时效性与连贯性，又具有图书的知识性，多用一个或几个主题来贯穿全书，没有杂志的丰富的版块设置和娱乐性，但其所传递的流行资讯具有无形的价值，因此具有较高的市场定价。例如一本国际著名品牌的设计工作室的设计手稿定价为 6000 ~ 9000 人民币元之间，若是配以面料小样或设计实物小样，定价则在万元人民币。

2．声像传媒

（1）网络：现代社会是一个网络信息时代和多媒体时代，网络以其特有的图、文、音、像、动画、视频等表现手段，几乎是在同一时间内将最新、最前卫的流行资讯向全世界扩散，可以说是真正意义上的全球性的信息传播。目前专业的服装流行资讯网站非常多，可发布最新的流行趋势，介绍顶级的时装品牌、时尚名品，剖析流行现象，其信息量巨大，越来越多的时尚人士热衷于从网络中获取流行信息。

（2）影视：影视作为一门现代艺术形式，具有得天独厚的科技优势，融合戏剧、文学、舞蹈、音乐等多种艺术元素。影视艺术拥有最广泛的爱好者，兼有审美性和娱乐性。影视艺术对服装信息的传播也更为广泛，它虽不像专业的服装资讯媒介那样直接明确地传播，但更贴近于人们的生活，对大众的影响也更为深刻。人们在感受剧情的同时，剧中人物的形象便悄无声息地扎根于观众的心中，比如，20 世纪 80 年代，电视剧《渴望》激起了人们对人性的思考，女主角慧芳的形象成了完美女性的代名词，一时间所谓的慧芳服、慧芳头型成为流行时尚。又如，电影《花样年华》勾起了女性对旗袍的怀念，婀娜的旗袍成为时尚女性的首选；近两年，韩剧的风靡让人们感受到"韩流"的魅力，男女主角或清新可人或高贵典雅的形象深入人心，带动了流行的热潮。

（三）公众人物的引导

模仿是人的重要的心理特征，人们对公众人物的模仿是不遗余力的，公众人物以其所扮演的社会角色，对普通大众具有着极强的影响力，这种影响力从心理的喜爱和崇拜转化为行为举止和外在形象的模仿。这些公众人物的装扮成为流行的风向标、时尚的源头，人们竞相模仿他们外表的同时，也推动了流行传播。

1．演艺界明星

站在潮流尖端的演艺界明星们不断诠释着新的流行时尚，用他们独特的明星气质和时尚魅力引导着人们对新流行的不断追随。

20 世纪 50 年代，一部《罗马假日》使奥黛丽·赫本成为令人瞩目的明星，尤其是她所塑造的天真烂漫的公主形象深入人心。赫本从影三十多年，塑造了众多的银幕形象，其演出服装一直是由法国著名的时装设计师纪梵希设计，不同风格的服装与各种角色融为一体，成就了赫本经典的银幕形象，不仅如此，赫本的日常社交装也是由纪梵希设计的。人们着迷于赫本超凡脱俗、高贵典雅的形象，她的船型领套装、卡普里长裤、黑色连衣裙装、俏丽七分裤、黑色高领毛衣、围巾甚至平底芭蕾舞鞋、低跟鞋、夸张的太阳眼镜都引导了当时的潮流，人们竞相模仿她的穿着打扮。奥黛丽·赫本的清新雅致的形象装扮成为一个时代的流行坐标，甚至一直影响到现在。

20 世纪 70 年代，影星约翰·特拉沃尔塔在电影《周末狂热》中的形象是大喇叭裤子配上白西装，翻出黑衬衫的领子，配合 70 年代的迪斯科音乐扭动身躯。自此，神气十足、摇摇摆摆的喇叭裤，就成为当时世界最为摩登的时尚。此外，像国内的歌星王菲曾以其完美嗓音、随性而为的个性在时尚界备受瞩目，她的个性装扮也常常引发时尚潮流。

2．社会名流

社会名流往往容易为世人所关注，由于他们所具有的特殊社会地位，他们的着装无疑是服装流行传播的重要形式之一，人们关注他们，也乐于追随他们。另外，作为社会名流，经常参与公益活动，为维护自身的社会形象，他们也格外注重自己的形象，自然也就成为了服装流行的重要传播者。例如已故英国王妃黛安娜气质高雅、身姿窈窕，她的着装始终是时尚流行的热门话题。另外，著名时装设计师约翰·加里亚诺被称为时装界最动人的浪漫传奇，他为女性设计了无数经典之作，展现女性的性感妩媚，而他本人奇特怪异、放浪骇俗的着装也受到前卫人士的追捧。

（四）大众传播

"消费者是上帝"，在这个追求自我和创新的时代中，这是毋庸置疑的。服装流行的传播离不开大众的选择，美国学者 E. 斯通和 J. 萨姆勒斯认为，时装不是由设计师、生产商、销售商创造的，而是由"上帝"创造的。一个设计师无论有着怎样无与伦比的才华，若是脱离了大众的喜好，那么他就只有被淘汰的命运。

回顾服装发展的历史，可以看到，服装流行的支配者是不断变化的，封建社会的服装是权力的象征，"楚王好细腰，宫中多饿死"，政治权威决定了审美标准，流行来自于对权力的向往，来自于政治的力量；18 世纪后半叶，随着法国资产阶级大革命的到来，欧洲服装的政治规制的特色逐渐消亡，但仍具有典型的贵族化特征；19 世纪中，高级时装出现，高级时装设计师决定着流行的方向，流行不再是上层社会的特权；进入 20 世纪后，人类社会发生了翻天覆地的变革，人类文明进入一个全新时期，传媒业的发达使服装流行的速度突飞猛进，政治、经济、科技、文化等的发展，带给人们更多惊喜，人们开始真正决定自己的生活，选择自己的流行。

第五节　服装流行趋势的发布

在服装设计、成衣生产发展到一定程度，人们的服装消费趋于饱和的状态下，服装流行趋势的预测也显得尤为重要。服装流行趋势研究的目的在于更有序地发展服装的生产，引导服装的消费，从而使服装运行机制与国际市场保持步调一致。随着社会经济的发展，服装市场的竞争也日益激烈，因而非常必要从服装的生产、色彩、纤维、面料、辅料、配件、销售等各环节的相互衔接出发，提前一年或更长时间，进行有关服装诸多要素的流行趋势预测，以便在国际服装舞台上争取主动，充分发挥自身的优势，立于不败之地。

成功的预测流行趋势，不是本能也不是第六感，而是依赖尽力而周详的研究，充分吸收和消化各种资料，客观良好地诠释。预测工作者像侦探一样，试探大众的兴趣，探究流行趋势走势是由街头向上移至上流社会，还是从富商名流向下传往市井小民，或是水平移动。

流行趋势的发布的一般规律是由服装预测研究机构协调组织，在纺织、服装与商界之间搭起了许多桥梁，使下游企业能及时了解上游企业的生产及新产品的开发情况，上游行业则迅速掌握市场及消费者的需求变化。由协调机构组成的下属部门进行社会调查、消费调查、市场信息分析，在此基础上再对服装的流行趋势进行研究、预测、宣传。大概提前 24 个月，首先由协调组织向纺纱厂提供有关流行色、纱线信息。纤维原料企业向纺纱厂提供新的纺纱原料，然后由协调机构举办纱线博览会，会上主要介绍织物的流行趋势，同时织造厂通过博览会，了解新的纱线特点及将要流行的面料趋势，并进行一些订货活动。纱线博览会一般提前 18 个月举行，半年之后，即提前 12 个月举办衣料博览会。这次博览会主要介绍成衣流行趋势，让服装企业了解一年半后的流行趋势及流行衣料，同时服装企业向织造企业订货。再过 6 个月，即提前半前，由协调机构举办成衣博览会。成衣博览会是针对商界和消费者的，它将告诉商业部门和消费者，半年后将流行什么服装，以便商店、零售商们向成衣企业订货。

一、国外服装流行趋势的发布

国外服装流行预测机构很多，尤其是法国、意大利、德国等欧洲国家。这些预测机构有的是团体，有的是民办官助，也有的是有权威的时装设计师开办的有影响的企业。发布流行趋势的形式也很多，有博览会、展览会、时装周、时装节等。

（一）服装流行预测机构

1. 法国时装工业协调委员会

法国时装工业协调委员会的法文名称叫做 Comite de Industrie Mode，简称 CIM。这个委员会是法国阿尔贝尔（Alber）于 1956 年创建的。委员会的宗旨是把色彩、纱线、面料和款式这几个互相独立的行业的协调为一体。通过发布时装流行趋势，引导整个纺织、成衣业走向一体化、时装化。其创建 30 余年来，逐年发展，现在已经拥有 140 多个成员单位，其中包括意大利、德国、西班牙、美国、加拿大等 9 个成员国。

2．法国男装协调委员会

法国男装协调委员会是向服装制造商和消费者提供男装流行信息的咨询机构，被称为法国男装的信息源。它的首要任务是预测两年后的男装流行趋势，其次是向客户介绍和推销本会会员、企业的产品。该会将预测的款式、面料和色彩流行趋势提供给各会员、企业，为这些企业提供流行依据。同时每年向各大服装经营商发布流行信息。各经营商一般在每年的 2 月购进当年的秋冬服装，所以在前一年的 10 月份就要提前将第二年的秋冬时装流行趋势提供给这些经营商，作为他们的进货指南。该会在国际市场上也有较广泛的作用，他们与欧洲、中东市场、日本、美国以及所有的西方国家的生产部门及客户都有网络联系。

3．法国女装协调委员会

该委员会建立于 1955 年，现在拥有 400 多家会员，是法国最大的服装协调机构，也是法国女装业的权威。法国女装协调委员会每年向有关部门提供 27 本流行趋势发布书刊，并组织 32 次电教会。目前该会已经发展成为国际性组织，西班牙、葡萄牙、德国、英、美、加拿大、日本等国都先后成为该会的会员国。法国女装协调委员会的主要任务是对服装生产、销售等进行全面调查。调查对象是各大服装商店、邮寄购货店、各大企业等。调查所得的数据是用来分析、预测本国两年后的女装流行趋势（主要是法国，不是国际上的流行）。预测结果用英、法两种文字发布。该会的预测特点是，不仅要靠调查数据，还要靠多方面的定性分析；也注重直觉判断和发挥联想，如对体育、影视、舞蹈、戏剧对时装的影响等都有所注意。

4．意大利服装工业协会

意大利服装工业协会既是意大利全国工业联合会的成员，又是国际服装联合会（IAF）、欧洲协会（AEIH）的成员。该会下属 8 个协会，总部设在米兰。服装工业协会的任务是，负责市场调研，提供流行信息，预测流行趋势，协调全国服装企业，组织全国各厂商、公司举办服装展览等。

5．国际羊毛局

国际羊毛局（IWS）是 1937 年成立的一个世界性机构，在伦敦总部内设有一个时装流行研究部门。羊毛局对流行预测研究主要是通过本身的分支机构，在各主要流行都市邀聘当地的流行时装顾问随时提供当地流行动态，参加预测流行的研究。羊毛局预测流行最注重颜色的预测，方法是请全世界各地 36 个分支单位先分别依据色卡预测流行的颜色，然后召集所有分支单位经过讨论决定流行色的色卡。

6．美国潘东公司

美国是通过专门的商业情报对纺织品、服装的流行趋势进行研究、预测，帮助上下游企业自行协调生产。美国潘东公司的英文简称"Pantone"，1963 年创建。该公司是一家专门开发和研究色彩而闻名全球的权威机构，拥有"国际色彩权威"的殊誉，自 1994 年起涉足于流行色的趋势研究、预测领域，每年通过多种途径出版、发布许多相关趋势信息，主要趋势报告包括《流行色展望》和《潘东时装流行色报告》。潘东公司提供的流行信息主要是针对纺织印染行业的。

7. 美国棉花公司

除了潘东公司以外，美国还有本土的流行趋势预测机构，即美国棉花公司。美棉主要对服饰及家居流行的趋势作长期预测，对流行市场服务的全面性奠定了它在色彩与织布等方面的权威地位。美棉协会的成员将全部精力投注在三个主要领域上：①销售理念，每年定期举行两次正式的服饰研讨会；②色彩预测；③棉花工业建立永久性的织物图书馆及设计研讨中心。

8. 日本钟纺时装研究所

日本是一个化纤工业特别发达的国家，这使日本以一种独特的方式进行服装流行趋势的研究预测。在日本较有实力的纺织株式会社（如钟纺、商人、东洋纺、旭化成、东丽等公司）都专门设有流行研究所和服装研究所。钟纺时装研究所（Kanebo Fashion Research LTD）是附属于钟纺株式会社的独立核算单位，该所成立于 1978 年 12 月，历史较短，但在国际上同类的机构中，大有后起直追之势。对于时装流行趋势的预测研究是该研究所的主要业务之一，几年来已经取得了较好的成绩。例如以图表描述今年最流行的夏装和面料的流行趋向，对指导生产和指导消费都有重要意义。这家研究所对于时装流行趋势的预测，和国际上的惯例一样，分春夏和秋冬两季预报，也有时提出较长时间的预测。

（二）流行发布的时装博览会

每年春、秋两季，巴黎、米兰、罗马、佛罗伦萨、慕尼黑、杜塞尔多大、法兰克福、科隆、伦敦、苏黎世、巴塞尔、马德里等城市的纺织、时装博览会此起彼伏，热闹非凡。世界数十个国家的几千家厂商竞相赴会。有权威的机构团体、名设计师也频繁地在会上探讨流行趋势。因此这些博览会也是发布流行趋势的重要场所。这里介绍几个有代表性的博览会。

1. PV 织物博览会

PV 织物博览会每年 3 月中下旬在巴黎开幕，全称是 Premier Vision（织物博览会），这是西欧各国新款织物和纺织流行色的权威发布机构。PV 博览会上的展品都是紧扣流行色的主题而陈列的，每组流行色都附有织物小样，每组织物小样多达数百种，这些小样反映了未来流行的新趋向，人们可以从中琢磨未来织物的各种色彩构思。很多新款织物或流行色彩的纺织品在这个博览会上面世不久，就会在西欧各大城市的百货公司和时装商店时装上大量出现。PV 影响之大，由此可见一斑，所以世界各国的纺织品生产厂，时装公司以及纺织时装专定、设计师都非常注视 PV 博览会的动向。

2．国际女装博览会

法文为 Pret-oierer，一年两届，在巴黎召开。女装博览会是在巴黎时装中心的重要标志。各国时装厂商竞相参展。这个博览会展出的展品都是一些设计名作。展出的档次，有的是独创的高档新装，也有的是适应中等消费阶层欣赏趣味、适于批量生产的品种。但是从色彩到面料到时装款式都能明确地显示出流行趋向。

3．国际衣料博览会

国际衣料博览会在德国法兰克福召开，所以也称为法兰克社衣料博览会。每年两届，每届开幕有几十个国家，上千家厂商参展。博览会的展出方式有实物展览，也有时装表演。一些设计师的作品或一些预测机构的流行报告都在这里发表，所以在开幕期间通常预告下一季节纺织品的流行色、质地、花型等，是国际上规模和影响都较大的博览会。

此外，还有在德国柏林、慕尼黑、杜塞尔多夫等地举办的世界性的女装博览会，在历史古城科隆举办的国际男装博览会，还有在意大利佛罗伦萨举办的纤维博览会、流行色博览会，法国的时装节等均各有特色，展出时序和内容也各有侧重，但都能显示出流行趋势。

二、国内流行趋势的发布

我国纺织服装流行趋势研究、预测和发布起步较欧美发达国家和地区要晚，从 1985 年才开始开展流行趋势预测的研究，但通过与国际一流的研究机构信息机构和设计机构合作，并按照国际惯例和运做方式操作，在广大企业和设计人员的密切合作下，目前我国纺织服装流行趋势发布从内容到形式几乎是与国际同步的，基本上反映了现阶段国内纺织品市场流行的总体特征。流行趋势的公布在美化人民生活、指导生产、引导消费方面，有着十分现实的社会意义。

中国最早的服装流行趋势研究起于 1986 年经这家科委批准的"七五"国家重点攻关项目，开创了我国服装流行趋势研究的先河。每年由中国服装研究设计中心分期发布国内流行趋势，即分别发布下一个春夏、秋冬两期的流行趋势，在上海、北京、天津、大连、江苏等地也做同步发布。经过边研究、边发布的过程，1990 年该项目通过了国家鉴定，到 2000 年14 年间共发布 28 次，在国内外产生过一定的影响，并建立起一整套基础研究架构和工作体系。2000~2005 年，由吴海燕女士创立的"Why Desigen"流行趋势工作室，在流行内涵及研究方法上延续了服装流行趋势的课题，一共研发了 10 次。2006 年开始，中国服装协会鉴于中国服装产业经济的成熟、中国服装品牌提升与发展的迫切需求，在原来流行趋势研究的组织构架基础上，对研究内容与程序进行了梳理，以理论与实践互动的方式，延伸原有的服装流行趋势预测研究，并以市场调研、研发团队工作、专家会议、集合品牌发布等方式整合出系统的发布方法，特别是以品牌成衣发布于预测发布的手法，拓展了以前的研究范畴，使趋势预测更加市场化、实用化，给予中国服装品牌更加容易参考的趋势内容。

1．中国服装协会

中国服装协会（China National Garment Association，CNGA）成立于 1991 年，以推动中国

服装产业发展为宗旨，为政府、行业、社会提供与服装业相关的各种服务。协会组织专业的服装流行趋势研究和发布机构，结合国际服装趋势潮流，根据中国服装文化的特点，吸纳各种时尚元素，研究出引领服装色彩、款式、风格的流行元素，将按每年"春夏、秋冬"两次发布具有权威性的、贴近消费市场的服装流行趋势。

2. 中国国际服装服饰博览会

中国国际服装服饰博览会（CHIC）由中国服装协会、中国国际贸易中心股份有限公司和中国国际贸易促进委员会纺织行业分会共同主办。创办于 1993 年，每年一届在北京举行。CHIC 伴随着中国服装产业的发展而不断壮大，已成长为亚洲地区最具规模与影响力的服装专业展会。

第六节　服装流行的预测

一、服装流行预测的重要性

时代发展到今天，服装的流行早已不再是某个人可以决定的，人们在感慨流行变化之快的同时，自觉或不自觉地参与到了流行的传播中来。21 世纪，"港台风"、"欧美风"、"哈韩族"、"哈日族"已是过眼烟云，人们开始注重自我需求的满足，注重个性化地表现自我，对服装的要求从理性的满足阶段跨入感性的需求阶段。尤其是随着生活质量日益提高，人们精神层面的需求成为生活的重要内容，人们对高品质生活不断追求。作为时尚生活的重要体现，人们对服装的眼光也越来越挑剔，刚穿过的衣服转眼间就成了过季款式。人们的衣橱越来越大，但好像永远不满足，从未停止对美、对时尚的追求。人们也不再愿意轻易去模仿，他们更愿意去追求可以表现自我的东西，而服装恰恰是最好的表达方式，因此对服装的要求变得更加苛刻。而服装设计不是闭门造车，更不是冥思苦想得来的，这需要很好地把握国内外的流行信息，了解市场定位，知道消费者想要什么，深谙消费者的心理需求，才能真正掌握时尚的脉搏，走在时代的前沿。因此，掌握服装流行的规律，对未来的服装流行趋势做好预测，才能设计出满足大众需求的服装，同时还可以对服装流行规律中的往复性以及对与服装相关的创新的技术、新的社会思潮进行整理归纳。

二、预测的方法

虽然，人们对服装的审美日益挑剔，服装的流行也日新月异，服装的变化令人眼花缭乱，但是服装的流行并不是无规律的，只要把握好流行的规律，了解消费者的个性需求，结合时代发展的方向，关注社会热点，就可以对服装的流行趋势做出预测，指导设计工作。

（一）了解服装的变迁规律

服装的发展是循序渐进的，服装的变迁具有规律性。20 世纪的服装从轮廓造型看，可以发现女装肩部、腰部、裙摆变化的呈现明显的规律性。不仅如此，腰节线的高低变化、袖形、领形的变化也都存在着明显的规律性演变。依据对这些历史资料的比较与分析，就能对服装流行的趋势做出总体性的推断与预测。只有了解服装昨天的变迁历史，掌握今天的流行现象，才能更好地预测明天的趋势。

（二）注重影响流行的各种因素

服装流行包括造型、色彩、面料、装饰和加工手段等诸多方面，服装造型、质感及色彩纹样都具有强烈的时代特征，服装的流行受到了自然、社会、生理、心理等各种因素的影响，设计师应时刻注意到这些因素给服装带来的穿着风格的新倾向、造型结构的新改变、流行色彩的新格调、图案花样的新变化、面料材质的新开发等，比如战争所带来的军装造型、军绿色的流行；一部有影响力的影视剧的播映所带来的服装造型的流行；每一次新技术的变革所带来的服用材料的创新引发的流行等。

（三）掌握消费者的心理倾向

服装的流行基于消费者的各种心理需求，人们的对新鲜事物的追求是流行的基础，而人们的趋同心理则是流行扩大的基本要素。再如"久而生厌的心理"，一种服装的长期流行必然会带来视觉疲劳，人们必然渴望会有一种新的服装的流行，这也正符合服装"极致回归"的规律。另外，人们的模仿心理也是产生新流行的重要原因。当一个明星或是公众人物以一种时尚的形象出现时，出于对他们的喜爱或是崇敬就会促使人们不自觉地追随模仿。因此，对消费者的心理需求做深入研究，分析可能对消费者心理产生影响的各种因素，就可以对未来消费者的喜好做正确判断，以预测未来的流行趋势。

（四）关注世界服装信息

服装流行预测已经成为一种规模宏大的产业，相关机构也越来越多，每年巴黎、伦敦、米兰、纽约、东京的时装周向全世界传播着重要的流行讯息，国际顶级的服装设计师总能不约而同地对下一季的流行做出合理、适时的判断，发布新装。关注这些时装盛事，深入研究世界知名品牌，尝试着从世界顶级设计师作品中找到设计上的共鸣，可以说是把握流行趋势的一个重要途径。

总而言之，在瞬息万变的服装流行中，若想及时地对服装趋势做出正确的判断，服装设计者应具备对流行的敏锐观察、分析能力，探寻流行的真谛，不断努力去创新和突破，才能设计出为消费者所认可的符合时代精神的作品。

■ 思考题

1. 什么是流行？流行的规律有哪些？
2. 流行的传播媒介是什么？

■ 练习题

以论文的形式，结合最近的服装流行趋势和文化背景，根据流行发生的原因、发展、经过，试预测今后两年的流行趋势。

第六章　服装市场与营销

　　市场营销是以满足消费者需求为前提,企业在特定的营销环境中制订并实施以产品、定价、渠道、促销为核心内容的市场营销策略,从而实现企业短期的利润最大化和长期的可持续发展目标。服装市场营销是运用现代市场营销学的理论和方法,吸取服装领域先进的知识和成果,结合服装企业及服装市场运作的特点,指导服装企业发现和评价市场机会,研究和选择目标市场,执行和控制市场营销计划,促使企业积极开拓服装市场的活动。

第一节　服装市场概述

一、服装市场的分类

　　市场是一个抽象的概念,是商品交换关系的总和。企业如果要深入了解市场,就必须根据企业的经营特点、营销管理及营销决策的需要,对市场进行科学的分类。服装市场按不同的标准可以划分为以下几种类型。

　　(1)按服装商品的销售区域划分,可以分为国内市场和国际市场。

　　(2)按服装商品的经营范围划分,可以分为综合性市场和专业性市场。

　　(3)按服装购买方式划分,有服装自选商场、邮购市场、网购市场。

　　(4)按服装交易方式划分,有服装零售市场、批发市场。

　　(5)按消费者性别划分,有男装和女装市场;按年龄层次划分为童装、青少年装、中年装、老年装市场等。

　　(6)按服装购买者的目的划分,可以分为服装消费者市场和服装组织市场。

　　市场分类一方面可以帮助企业研究各个分类市场的消费者构成、需求特点、市场竞争情况等市场特征,有利于企业选择合适的经营方法及制订适当的营销策略;另一方面,可以帮助企业对各个分类市场的信息数据进行分析、整理,有利于企业对分类市场的经营预测、销售的管理与控制。市场分类技术,是学习与应用市场细分理论的基本方法。

二、服装市场的特点

(一)服装市场的流行性与时尚性

　　随着知识经济时代的到来,服装市场的流行性与时尚性越发显著。

（二）服装市场的多样性与差异性

市场由消费者组成，消费者由于性别、年龄、受教育程度、经济水平等许多方面的差异，对服装的需求和偏好也是多种多样的，这就决定了服装市场的多样性与差异性。

（三）服装市场的地域性与季节性

大多数种类的服装具有明显的季节性，夏季的服装与冬季的服装在材质、款式和功能要求上截然不同。

（四）服装市场的开放性与竞争性

随着服装市场竞争日趋激烈，服装质量显著提高，数量迅速增加，服装设计和材料款式丰富多样，这些变化增加了消费者对服装商品选择的可能性，由此出现的着装个性化趋势会带来服装消费需求的更多变化。

第二节　服装消费者研究

服装企业的一切生产经营活动的目标是满足消费者的需求。消费者是市场的主人，是企业开展营销活动的最终对象。研究市场需求及其影响因素，是保证服装企业的产品能够满足消费者需求的前提，也是有效开展市场营销活动、制订市场营销计划的依据。服装市场十分广阔，竞争对手林立，服装企业要拓展生存和发展空间，必须对消费者进行分析研究，在市场上找到一个适当的位置，企业产品定位也要围绕着这个市场位置展开。

一、服装消费者细分

市场细分就是根据消费者对产品欲望与需求的差异以及购买行为与购买习惯的差异，将全部消费者划分成若干个消费者群体，每个消费者群体构成一个细分市场，每个细分市场的消费者群体具有相同的需求。目前，市场细分方法已被广泛应用于市场营销及市场决策中，且其内涵及外延更加丰富了。市场细分标准除了消费者特征之外，还包括产品特征、价格水平甚至消费观念等。服装消费者细分是指根据服装消费者的特征对服装市场进行的一种市场细分，它是企业研究服装市场的一种基本的市场细分方法。

市场需求的差异性和相似性、企业经营能力的局限性是市场细分的客观基础。市场细分，不是对服装产品进行细分，而是对不同消费者进行细分。企业把整体市场划分为不同的细分市场，选择其中一个或几个细分市场作为目标市场，采取相应的市场营销组合策略，集中优势力量为目标市场服务，满足目标市场消费者多方面、深层次的需求，是企业进行市场营销的基本思想。

二、服装消费者细分的标准及差异性分析

将整体市场划分成若干个细分市场，这首先是由消费者需求的差异性决定的。在服装市场上，每个消费者由于各自经济条件、所处的地理环境、社会环境、文化教育以及自身特有的心理素质和价值观念等不同，他们购买服装在动机和需求上总是存在一定的差异。消费者对服装品牌、款式、颜色、面料和价格等需求的不同，其购买时间和要求也会有所不同。由于消费者需求客观上存在着差异性，企业就应把需求相似的消费者划归同一群体，并制订相应的营销策略来满足该消费者群体的需求。服装消费者市场细分标准很多，根据影响消费者需求差异性的因素细分，归纳为地域因素、人口因素、心理因素、购买行为等四大方面。

（一）地域因素

地域因素主要是指消费者所处的地理位置、城市规模、人口密度和气候条件等因素。由于同一地区的地理环境、气候条件、社会风俗、文化传统等方面对消费者的影响是相同的，消费需求具有一定的相似性，而不同地区的消费需求具有明显的差异，因此地域因素就成为细分市场的客观标准。

（二）人口因素

人口是构成市场最主要的因素，它与消费者的需求、购买特点及频率等关系密切。按人口因素细分，还应考虑许多内容，这些内容主要包括性别、年龄、经济收入、家庭生命周期、职业、文化教育水平、信仰、民族及社会阶层等。

1. 性别

男女性别不同，在购买种类、购买行为和购买动机等方面差别很大，这是由于自然生理差别而引起消费需求有差异。男性服装趋向同中求异，而女性服装在款式、颜色方面变化较大，这种差异应在服装品种设计和营销策略等方面体现出来。

2. 年龄

服装市场可按消费者的年龄划分为不同的细分市场，这是因为不同的年龄阶段的消费者经济状况、生理、性格、爱好等不同，对服装的需求往往有很大的差别。

3. 经济收入

这是细分市场的最重要依据。企业可以根据消费者的收入水平、家庭收入总额及人平均收入状况，分析收入高低对消费者需求的影响，在此基础上，对服装市场进行总量预测，制订营销计划。

4. 家庭生命周期

各家庭处于生命周期的不同阶段，其消费需求数量与结构也不同。服装消费的家庭生命周期可分为五个阶段，一是新婚阶段，这一阶段家庭经济较为轻松，类似于参加工作但没有结婚的情况，比较讲究穿着，对服装需求很大；二是子女婴儿阶段，这一阶段家庭的经济负

担较重，对服装支出下降，但儿童服装消费增加；三是子女学龄阶段，家庭收入水平逐步提高，服装支出有所回升；四是子女就业和结婚迁出阶段，家庭收入增加，服装消费量增大；五是老两口阶段，家庭经济宽裕，服装讲究舒适轻便。

5. 职业

按消费者的职业不同来划分细分市场，是以职业不同会引起消费行为差异的假设为前提的。每个人所交往的朋友多是与他的职业层次相似的阶层，所以同一职业阶层的人其价值观、审美观较为相似，而不同职业阶层的人对服装的需求就完全不同。

6. 文化教育水平

消费者接受文化教育的程度会影响其服装品位、偏好及审美标准。

7. 种族与信仰

种族与宗教的不同影响着消费者购买动机与行为的差异。种族分黄种、白种、黑种和棕色人种；宗教有基督教、天主教、佛教、道教和伊斯兰教等。

8. 民族

不同民族的生活习惯、文化风俗和地理位置不同，相互的需求差异很大，特别是在服装和服饰等方面。

（三）心理因素

在地理环境以及收入水平等条件基本相同的情况下，不同的消费者，其消费习惯与特点也会有差异，这是由消费者的心理差异引起的。心理因素包括消费者的生活方式、个性、社会阶层及品牌偏好等内容。

1. 生活方式

消费者的生活方式不同，对服装的需求也就不同。如有的人生活崇尚时尚，追求新潮时髦的时装；有的人生活朴素，喜欢素雅、清淡、大方的服装。针对消费者不同的生活方式，有的服装企业把产品生产分为"朴素型"、"时髦型"、"男子气型"等，并以此为设计原则来满足不同的消费者需求。

2. 个性

消费者的个性特点对服装偏爱有很大的影响，如"外向型"的消费者，往往好表现自己，喜欢购买流行性强、颜色鲜艳、造型独特的时髦时装；而"内向型"的消费者则喜欢购买大众化、较朴素的保守造型的服装。因此，有些企业针对个性化要求，分别设计"新潮"、"保守"、"豪华"、"朴素"等类型的服装，以吸引与其个性相同的消费者。针对这些不同的消费群，服装设计应有所不同，而且在价格制订、广告宣传和经销方面也应采取差异化策略。

3. 社会阶层

在消费者心目中，往往把自己视为某一阶层的人。社会阶层的高低取于社会地位、职业、教育程度和收入等因素，而这些因素影响着消费者对服装的不同需求。企业可以为不同社会阶层的消费者设计不同的服装品种，如为白领阶层的消费者提供高档布料的名牌服装，为蓝领阶层的消费者提供廉价的、档次不高的大众化服装，使服装品种和各社会阶层的需求特点相适应，以满足各不同阶层消费者的需求。

4．品牌偏好

品牌偏好程度又称为品牌忠诚度，消费者一般可分为专一品牌忠诚型、几种品牌忠诚型、无品牌忠诚型三类。第一种消费者在任何时候和地区都只买自己喜欢的一种品牌服装，通常是到服装专卖店购买。第二种消费者对品牌并不专一，但偏爱少量几种品牌。第三种消费者不存在品牌忠诚性，在购买实践中无品牌可遵循。

（四）行为因素

消费者的购买行为，就是指消费者的购买习惯，包括消费者购买频率、购买时间及购买地点等。

1．购买频率

消费者购买服装的频率受季节、气候和收入水平等制约，即使是收入水平相同的消费者，其购买服装的频率也会不同。例如，有的消费者每季大约购买多少服装会有一定的习惯，有的消费者则喜欢反季节购买服装，还有消费者在某些节日去购买服装。企业可以根据这些习惯进行促销活动。

2．购买时间

消费者购买服装的时间受其工作时间的制约，但习惯也是一个重要因素，如有的喜欢将购买活动集中于节假日，有的则习惯于分散购买，有的按季节购买。消费者的生活习惯不同，服装的购买时间、数量和方式等就不尽相同。

3．购买地点

有的人喜欢某一服装品牌，习惯去专卖店购买；有的人喜欢到服装集市购买；有的人喜欢光顾大店、名店；有的人喜欢大众商店或有折扣的商店。消费者购买地点不同，企业可依此选择适合的分销地点。

由于不存在统一的市场细分方法，在实际应用时，企业应根据市场的特点，选择合适的市场细分标准，并要根据营销环境的变化对市场细分标准进行修订与调整，为企业选择正确的目标市场提供依据。

三、服装消费者的购买行为分析

市场营销的核心是满足消费者的需求，消费者不同，其购买行为也有其自身的特殊规律，市场营销者要围绕满足消费者需要这一核心开展调查、研究，并掌握消费者需求与购买行为的特征及其发展变化规律，相应制订或调整营销计划，才能有效开拓市场，不断提高经济效益和社会效益。为了能更全面、更准确地揭示影响消费者行为的因素，除从经济角度考虑外，还必须从心理学和社会学角度综合地分析、研究消费者的购买行为。

（一）服装消费者的需求特点

服装消费者需求是随着流行趋势、社会经济等因素变化而不断地产生和发展的，虽然受到各种因素的影响而变化，但总是存在着一定的趋向性和规律性的。从总体上分析，服装消费者的需求一般具有以下特点。

1. 时尚性

消费行为是一种社会现象，虽然它的内容千变万化，但在一定时期会表现出普遍的共性，这就是需求的时尚性。服装讲究流行性，追随时代潮流、模仿时尚是大多数人购买服装的倾向，这种时代性的特征，往往通过流行现象体现出来。

2. 多样性

消费者的消费行为受民族习俗、收入水平、文化程度、职业、年龄和爱好等的影响，对服装的需求也会表现出差异。例如对同一式样的服装，消费者在选购时对颜色、面料的反映会表现出差异性，这是人们需求的多样性在服装消费中的具体表现。服装产品越丰富、人们购买力越强，这一多样性越明显。

3. 无限性

随着社会经济不断发展和人们的生活水平不断提高，对服装的需求不论是从数量上还是从质量或品种上都在不断地提高。当一种需求被满足了，另一种新的需求又会产生，总的趋势是由低级向高级发展，由追求数量上的满足向追求质量上的充实发展。某些服装一开始受欢迎，过了一段时期后会变成过时的而被淘汰，这是因为人的欲望是永无止境的。

4. 层次性

消费者的需求是有层次的，一般总是由低层次向高层次逐渐延伸和发展的。不同消费者所从事的职业、经济的收入和审美观念等有差别，消费需求的层次自然是不同的；不同消费者在较长时间内，其需求水平不会总停留在一个档次上，它会随着社会的发展、生活水平的改善，不断由较低的层次向较高的层次过渡。这就形成了消费需求的层次性。

5. 伸缩性

消费者的需求一般易受外因和内因的影响，具有一定的伸缩性。内因是指消费者自身的需求欲望特征、购买能力和喜爱程度等；外因是指服装的价格、款式、广告宣传等。这两方面因素都可能对消费者的需求产生促进或抑制作用。服装由于选择性强，消费者需求的伸缩性就比较大，往往随服装价格的高低而转移，随购买力水平的变化而变化。

6. 可引导性

消费者的需求不是先天就有的，是可以引导和调节的，企业通过成功而有效的市场营销，可以引导或刺激消费者的需求，使无需求变为有需求，使潜在需求转为现实的购买。企业不只是生产消费者需求的服装，还要做好各种营销工作，诱导消费者的需求，使其实现购买行为。

7. 互补性和互替性

服装消费者的需求具有互补性特点,在市场上,人们常常看到某种服装的销量减少而另一种销量在增加,如天然纤维面料的服装增长会使化纤面料的服装相对减少,又如长裙的流行会影响短裙销量。这就要求企业根据市场发展趋势,及时适应市场需求变化,有目的、有计划地根据市场需求生产适销的服装。

(二)服装消费者的购买过程

服装消费者人多面广,不同的消费者对服装有不同的购买决策过程。典型的消费者购买行为模式分为唤起需求、收集信息、对比评价、购买行为、购买感受等五个前后相继的阶段。市场营销人员应重视整个购买决策过程,而不能把精力只集中在购买行为上。实际上,只有复杂型购买行为才经历这样完整的五个阶段。

1. 唤起需求

有需求才会有购买行为。需求可以是内在的自发结果,如消费者很久没购买服装或对服装有需求时,就会产生购买欲望;外部刺激影响亦会产生需求,如看到别人穿的服装感到很好,或受服装店模特及杂志、广告等媒体的影响,唤起消费兴趣,产生需求,购买决策过程就开始了。来自内部和外部的刺激都可能引起需要和诱发购买动机。因为天气寒冷,会想到购买一件保暖的大衣;将出席重要活动,急需选购一件适宜的套装。经营者应了解消费者比较迫切的需求是哪些,它们是由什么因素引起的、程度如何以及如何将潜在的需求引导到特定的产品上从而成为购买动机。据此,企业应制订相应的营销策略,有目的地诱导消费者,并激发其购买动机。

2. 收集信息

消费者认识到某种需要后,在采取购买行为前可能要寻找信息,了解哪些地点有此服装或类似的服装销售;也可能不寻找信息,当需求强烈时,就会马上购买。但在一般情况下,特别是对一些价格高、档次高的服装,消费者的需求有一个从弱到强的变化过程。这样,消费者在采取购买行为前往往有寻找信息的过程,为了买到称心如意的款式、颜色等,就会多走些服装店,看看有无相同、相似或更好的式样,对市场上某种服装的面料、做工、颜色等有一定对比后,才决定购买。

3. 对比评价

消费者收集到各种信息资料后,就会对服装进行分析对比、评价和试穿,最后做出选择。由于每一个消费者都有自己的评价过程,因此很难找出一种能适合所有消费者的评价过程。营销人员一方面必须了解消费者对本企业服装最关心的特点是什么,在所有的特征中哪一个或哪几个特点是最重要的;另一方面要注意增加服装的规格、品种、花色、面料等,为消费者的充分选择提供条件,以促进消费者对本企业的品牌产生偏爱及重复购买行为。

4. 购买行动

消费者通过对比评价后，就会对某一品种服装产生购买行为，但有时也会受到他人态度的干扰。如某女孩看好一条裙子，请朋友来参谋，而朋友认为穿着效果一般，她就容易改变或放弃购买，同时也会受到推销人员态度的影响，因此销售服务工作特别重要。服务工作做不好，会挫伤消费者的购买积极性，削弱或打消购买欲望，而服务工作做得好，还会使没有购买欲望的人产生购买行动。

5. 购买感受

消费者购买服装后的评价关系到再次购买行为，也决定企业的形象、声誉。如消费者对购后服装评价好，会将这个品牌介绍给别人，自己也会重复购买此企业的其他服装。相反，如果对服装不满意，就会产生抱怨情绪，要求退货，或不再购买此品牌的各式服装，并会影响他周围的人。

第三节　服装营销环境分析

服装营销环境是指影响服装产品的供给与需求的各种外界客观因素。服装企业的营销环境通常包括企业的内部环境和外部环境。内部环境是指企业可以控制的服装产品、价格、销售渠道、销售促进等方面的因素。外部环境是指企业不可控制的诸如社会文化环境、政治法律环境、经济技术环境、竞争环境等宏观环境和微观环境。服装营销环境分析就是对这些外部的环境因素进行分析。对服装营销环境进行分析可以预测外部环境对本企业营销活动的影响，并制订相应的措施来协调企业与这些外部环境之间的关系；了解目标市场经营的风险、消费结构、消费者的需求等问题并从中寻找市场机会；为服装产品设计提供相关素材，选择合适的促销方式。

一、服装营销环境分类

（一）宏观环境

1. 人口环境

消费者是市场中最活跃的因素，人口因素不仅决定了定市场的潜在容量，也会影响市场的结构。描述人口因素的变量包括：人口数量、人口年龄结构、地理分布、婚姻状况、人口密度、人口流动性、文化教育等指标。

2. 经济环境

经济环境是指一个国家或地区的经济结构、国民收入水平及个人可支配的收入水平。经济环境对市场规模、消费者购买力、市场竞争及企业的交易成本等有较大的影响。

3. 政治法律环境

政治环境是指一个国家或地区所推行的方针、政策，如重大的政治事件或政局变动、经济发展目标、对外贸易政策、产业发展政策等，对服装市场营销活动都会产生较大的影响。

4．自然地理环境

自然地理环境是指由气候、地形、人口分布等自然地理因素构成的自然地理环境圈。自然地理环境的区域性分布规律在人们的服装衣着上明显地体现出来。如我国从南到北、从沿海到内陆，气温及湿度的年度分布有明显的差异，南方沿海气温较高，湿度较大，服装面料的选择偏重于轻薄的棉、麻，服装色彩也偏重轻淡，服装产品的包装、功能等方面也要考虑。因此，在进行服装产品设计时，自然地理环境是一个必须考虑的重要因素。

5．科技环境

技术是最活跃的生产力，新的技术是对原有技术的否定，不可避免地导致企业从生产方式到产品品种的全面革新，从而带来了服装市场的繁荣。

6．社会文化环境

社会文化环境是一个国家或地区长期形成的相对稳定的语言文化、教育水平、宗教、态度与价值观念、消费习俗等社会环境圈。社会文化环境是孕育服装文化的河床。服装产品的开发必须符合现实社会文化环境及其变化。

（二）微观环境

微观营销环境分析主要包括供应商、中间商、社会公众、顾客、竞争者等几个方面。

1．供应商

供应商是提供原材料、设备、能源、劳务、资金等生产要素的经济实体，对供应商应从供货能力、价格水平、质量水平等方面进行分析。

2．中间商

中间商是协助企业促销、销售产品给消费者的经济实体，包括批发商、零售商，它们是市场营销不可缺少的环节。因此，企业在市场营销过程中，应做好中间商的分析工作，处理好与中间商的关系。

3．社会公众

服装企业的社会公众主要包括金融公众，如银行、投资公司、证券公司、保险公司等；媒体公众，如报纸、杂志、电视台、电台等；政府公众，如政府机构和企业的主管部门；社会团体，如消费者协会、保护环境团体等。

4．顾客

顾客是企业服务的对象，根据购买特点，顾客可以分为个人消费者、工业品消费者、中间商、社会或政府集团消费者、国际市场的消费者等类型。不同类型的顾客，其购买的习惯、决策类型等都有差异，营销策略也不同。

5．竞争者

竞争者是服装企业研究的重要对象，一方面，竞争者可能是企业经营的标杆，企业经营战略调整的信号源于竞争对手。另一方面，竞争对手可能是企业最主要的威胁，只有关注竞争对手的经营行为，才能保证企业的经营不会受到竞争对手致命的打击。可从以下几个方面对竞争对手进行分析。

（1）竞争力分析：主要从同行业竞争者数量、进入退出市场的障碍、替代产品数量、购买者价格谈判能力、供应商价格谈判能力等五个方面进行分析。

（2）识别企业的竞争者：对企业现有的竞争者识别是比较容易的，但许多企业并不是被老的竞争对手所击败，而是被一些后起的新秀所击败。因此在识别企业竞争者时，必须用发展的眼光。根据竞争者的层次不同，竞争者可分为品牌竞争者、行业竞争者、一般竞争者和潜在的竞争者。通过竞争对手的识别与分类，明确竞争者的强弱，竞争者的远近，竞争者的好坏，从而明确哪些竞争者需要攻击、哪些竞争者需要回避、哪些竞争者不需要作为。

（3）了解竞争对手经营特点：主要从竞争者的战略、目标、优势与劣势、对竞争行为的反应等方面进行分析。为了获取这些信息，企业必须建立一个竞争情报系统。

（4）行业竞争模式的分析：对于一些大的企业，从行业的角度来界定竞争者是通常的做法，在每个行业都集聚着一群相互密切的、生产相互替代产品的企业。对行业竞争的分析可从销售商的数量、产品差异化的程度、进入退出障碍、流动性、成本结构等方面进行分析。

二、服装营销环境的特点

（一）客观性

不管企业如何经营，企业的营销活动总会受到社会环境的影响或制约，因此企业决策者在进入一个新的市场之前，必须认真评估社会环境对市场营销行为产生的影响及对策。

（二）差异性

服装市场营销环境的差异性主要表现在不同的企业在特定的社会环境下，受到的影响（不管是有利的影响还是负面的影响）都是不完全相同的。如不同的国家、民族、地区之间在人口、经济、社会文化、政治、法律、自然地理等各方面存在着广泛的差异性，这些差异对部分企业来讲可能是市场机会，而对另一部分企业来讲可能因不适应而导致经营问题。

（三）相关性

服装市场营销环境是一个复杂的系统，系统中的各个影响因素之间可能会产生交互影响。因此，在进行环境分析时，应考虑哪些因素是主要影响因素，哪些因素是次要的影响因素，哪些因素之间存在交互影响等。

（四）动态性

服装营销环境并不是一成不变的、有时会非常活跃。从我国营销环境来看，由于我国处于经济快速发展期，经济体制改革与政治体制改革也在不断深化，营销环境变化也随之快一些，现在的经营环境与十多年前的环境相比已经发生了质的变化，这也意味着营销观念也有巨大的变化。

（五）不可控制性

因为国家的政治法律制度、人口增长、社会文化习俗等因素都具有外部性，企业不可能随意改变它，因此服装市场营销环境具有不可控制性。

（六）可适应性

现代企业外部环境的变化要远快于企业内部因素变化，因此，企业发展要具有适应外界环境变化的能力。在现代营销观念中，在强调企业要适应环境的同时，也提出了更积极的营销观念，就是企业应能用自己的营销行为去改变环境。当然，改变环境并不是件容易的事情，需要有雄厚的经济实力。

三、服装市场调研的内容与程序

市场总是在不断变化，服装企业要能满足目标市场的需要，提高市场的反应能力，就必须重视市场调研，并制订科学的调研程序。通过服装市场调研，可以了解服装企业目标市场的现状，诊断服装企业在目标市场的营销中存在的问题，并对服装市场发展趋势进行预测。

（一）调研的内容

1. 市场环境的调研

其目的是为服装企业寻找市场机会或者为服装企业监控外部环境的变化，为服装企业的营销决策提供咨询。调研的内容包括政治法律环境、社会文化环境、经济地理环境等宏观环境。

2. 竞争对手的调研

其目的是了解竞争对手的实力，使企业在制订市场营销方案时，能避实就虚，尽量不与竞争对手正面交锋。调研的内容包括竞争者经营的规模、品种、质量、价格、服务等方面。

3. 服装产品的调研

其目的是了解消费者对本企业产品质量、性能、款式、包装、服务等方面的态度，为服装企业提高产品竞争实力，为产品整体形象的正确定位提供咨询。

4. 销售渠道的调研

其目的是了解本企业产品的销售渠道的业绩及工作效率，同时也可了解中间商对本企业的意见和要求，改进企业产品及服务，提高产品分销渠道的工作效率。

5. 促销的调研

促销调研是对服装企业采用的人员推销、营业推广、公共关系等促销组合的实际效果进行调研，为服装企业制订最优的促销组合提供依据。

6. 消费者的调研

消费者调研的内容包括消费者的需求及偏好、消费结构、消费者购买力、购买动机、购买方式或习惯等方面。通过消费者调查，为服装企业确定目标顾客、选择分销点、产品开发提供有关消费者特征的咨询。

服装企业要根据自身的经营特点和需要，确定市场调研的内容，在此基础上选择适当的市场调研方法和技术。

（二）调研的程序

1. 调研主题的界定

界定市场调研主题，就是要确定企业需要什么信息，可以是很具体的内容，也可以是调研的方向，如消费者意向调研、服装产品调研、销售活动调研、经营环境调研等。对市场调研的主题，有时候企业并不能很清楚地描述出来，这时就需要调研人员根据企业提供的调查方向，通过试探调查来获得调研主题。

2. 设计调研方案

设计调研方案就是根据市场调研目标或调研提出的假设，设计调研问题的概念框架，制订详细的调研计划。市场调研计划的内容包括：市场调研目的、市场调研项目、市场调研方法、市场调研对象、经费估计、调研日程安排等。

3. 确定调研的具体对象，实施调研计划

确定市场调研的具体对象实际上是确定市场调研样本的过程。市场调研的对象较多，不可能采取全面调查，只能抽取一部分个体作为样本进行调研。调研样本的确定可以采用随机抽样或非随机抽样的方式。不论采用何种方式抽样，抽取的样本应具备调研对象的总体特征，保证样本的代表性。

4. 收集数据

企业的市场调研工作通常是委托市场咨询公司完成的，复杂的市场调研往往需要在多个地区或城市展开调研，为确保数据收集工作的有效性和统一性，必须制订详细数据收集程序，指导数据的收集工作。市场调研数据收集完毕之后，通常需要抽查被访者，确认是否进行了调研以及是否按规定的程序进行调研，抽查比例可视情况而定。

5. 调研资料的回收与整理

其内容包括：清除错误及无效的问卷；对调研数据进行分类编码；进行统计计算，如绘制分布图表，计算百分比、平均值、差异等。

6. 资料分析

其内容包括调研结论、原因及建议。

7. 编写市场调研报告

一份简单的市场调研报告的内容包括：调研的目的和范围；使用的方法；调查的结果；

提出的建议；必要的附件。

8．跟踪

主要是跟踪调研结果是否客观反映了市场现象及规律，市场调研报告付诸实施的后的效果，市场调研报告使用者的建议等。跟踪反馈不仅可提高市场调研的服务质量，也可评价市场调研报告的水平，并为今后的市场调研提供更多的经验。

第四节　服装产品与价格研究

一、服装产品开发

企业经营活动的中心是满足消费者的需要，而如何来满足特定的需求，需要企业提供特定的产品和服务。对服装企业来说，其在市场竞争中有无生命力，关键在于其产品适应市场的程度。服装产品特色鲜明，流行性强，变化快，消费者对于服装的需求千差万别。同时服装生产技术日新月异，服装市场竞争日趋激烈，服装产品生命周期也越来越短，服装产品品种、款式的设计和推广已成为营销的重要目标和内容，所以服装企业的产品策略至关重要。

企业生存和发展的关键在于：一是不断开发服装新产品；二是不断开拓新市场。许多企业把新产品的开发看做是企业生存和发展的首要条件，采取"生产一代，开发一代，储存一代"的产品策略。对于服装企业来说，服装的款式是其灵魂，也是服装适销的首要条件，必须符合时代潮流和人们的心理要求。而对生产传统款式的服装企业来说，服装的款式变化不大，但服装材料和面料要不断改良和更新，以最快时间生产出新产品，满足消费者需求。

服装新产品的类型大体上包括以下三类。

1．新设计服装

新设计服装是指在预测流行的新款式和流行色的基础上，采用新材料、新技术设计出的流行时装，这类新时装与现流行的服装无雷同之处，是一种全新服装产品。

2．换代服装

换代服装是指采用新材料、新生产工艺或新技术对原有服装的外观、装饰等进行改良，如西装、衬衣、西裤等传统式样服装，由于其款式造型变化不大，有时会按流行情况加长、加宽或改变一些细部设计，使之适合流行趋势要求。

3．模仿与改进服装

服装的改进和仿制在市场竞争中是不可能排除的，企业对流行款式进行模仿或改进制作，对服装的结构、材料、花色品种等方面做出改进，使服装号型、颜色、式样等适合当地的风俗习惯和审美标准，对于提高企业的技术水平、增强竞争意识以及扩大销售都有很大的作用。

二、服装产品的细分与组合

服装产品由于品种很多，其功能、用途又不同，只有进行分类，才能对生产、流通和销售的管理提供方便。服装产品细分就是根据各类服装的特点、功能等标志对服装产品进行归类，以方便产品组合、促进市场销售。产品组合是指企业向市场提供多种产品时其全部产品的结构或构成，通常它由若干产品线和产品项目组成。产品线是指一组密切相关的产品，它们有类似的功能，可满足顾客同质的需求，只是在规格、档次、款式等方面有所不同。产品线又由若干产品项目组成，产品项目即那些品牌、规格或价格档次有所不同的单个品种。每一产品系列是一条产品线，产品项目构成产品线。一般的服装企业产品组合包括服装（男、女、童）服饰（珠宝、提包等）、化妆品（香水、美容护肤品）以及香水系列。例如 Hugo 公司由原来只生产 Boss "老板"穿的男装，后来扩展为适合三种不同类型的男性服装系列的做法就是产品组合的一个典型例子。"Big Boss with Big Belly"（大腹便便的大老板）曾是 Boss 品牌的广告用语，Boss 男装原定位于比较传统的商人形象，是 Hugo 公司的主要产品品牌。1993年，公司在激烈的市场竞争中及时调整战略，又创立了两个新品牌——Hugo 和 Baldessarini。Hugo 适合年轻人穿着，Baldessarini 以最佳的质地和品位代表了既有钱又有品位的高层次男士形象。三种品牌、三种定位、三个产品项目针对不同男士的衣着需求。

三、产品生命周期

产品生命周期是指新产品研制成功后，从投入市场开始到被市场淘汰为止的一段时间。它是产品的经济寿命，即产品从开发、上市、在市场上由弱到强，又从盛到衰，直到退出市场所经历的市场生命循环过程。一种产品处于研制阶段时，可以说处于胚胎时期，一旦进入市场就开始了自己的市场生命，当它被市场淘汰时，就意味着市场生命终止。决定和影响市场生命的主要因素是社会的需求状况和新技术、新产品的发展情况。

（一）产品生命周期各个阶段的特点和营销策略

1. 投入期

投入期的特点是产品尚未定型，生产上的技术问题可能尚未解决，产品性能和质量不稳定，消费者对产品还不熟悉，生产批量小，销售数量也有限，产品成本高，经济效益低，甚至会出现亏损。这一阶段主要营销策略是广泛征求意见，重视改进产品，提高产品质量，确定合适的试销价格，大力进行广告宣传，千方百计地缩短周期时间，尽快进入成长期。

2. 成长期

成长期时，产品生产基本定型，大批量生产能力也已形成；成本大幅度下降，企业利润很快增加；产品迅速进入市场，模仿抄袭日渐增多，市场竞争开始激烈。因此，企业必须尽力发挥销售优势，紧紧抓住机会，保持较快的增长率和较大的市场占有率。主要营销策略是努力提高产品质量，改进工艺，增加花色品种，以适应消费者的需求，对抗竞争产品；配合以合适的包装以及完善的销售服务，使消费者产生偏爱；加强市场调研，运用细分市场策略不断开辟新市场，尽可能延长成长期，使销售量向最高度爬升；在大批量投产后应选择适当时机降低售价，以吸引对价格敏感的潜在消费者；广告宣传从介绍产品、建立产品知名度转向宣传产品特色，增加消费者的兴趣和对产品的信赖程度，以便保持已有消费者数量，争取潜在消费者，努力扩大产品市场占有率。

3. 成熟期

成熟期时，产品已经被用户所熟悉，需求量已趋饱和，销售量已接近最高点，销售增长早已开始下降；生产批量大，产品生产成本低，利润已达最高点；竞争不仅来自同类产品，而且来自更新产品；消费者对产品质量、花色、品种、式样的选择的范围也更大。由于企业已形成大量的生产能力，产品已定型，适应性相对减弱（尽管这些矛盾可能被庞大销量所掩盖），为此，企业必须采取积极对策，绝不能只求维持既有地位。这一阶段企业最重要的经营策略是：首先在不断优化产品吸引新的消费者的同时，尽量延长成熟期，使企业现有生产能力得到充分发挥，推迟衰退期的到来；其次，在广度和深度上拓展新市场，发掘和创造新消费方式，保住原有市场；再有，改进营销组合手段，以刺激销售增加。

4. 衰退期

衰退期的特点是市场上已有新产品出现，并正在替代老产品，除少数产品外，市场销售量急剧减少；市场竞争突出表现为价格竞争。由于价格下降和销售费用增加，使企业利润日益下降；当销售量和利润额下降到最低点时，实现产品更新换代。这一阶段企业的经营策略是：一方面，要尽量设法延长产品生命周期；另一方面，开发新产品取代老产品，做好更新换代准备，在老产品退出市场时，以新产品顺利接替，以新的姿态重新占领原有市场，最大限度地减少企业的损失。

（二）延长产品生命周期

产品市场生命周期的变化是有其客观规律的，但企业对它并非任其变化而无能为力，对生命周期的变化在一定程度上是可以控制的，即通过创造一定条件，使产品的市场生命周期的变化服从于企业营销目标的需要。延长产品生命周期主要措施有以下几点。

（1）开辟新的市场，即开发新的细分市场，寻找新的消费者。某种服装产品在城市或本地开始衰退，则可向农村或边远的地方发展，通过开辟新市场，吸引更多的新消费者来延长产品生命周期。

（2）提高原有产品的系列化，增加新的花色品种，促使现有消费者购新换旧，扩大销售。

（3）变革营销组合策略，通过降低产品价格、扩大产品分销渠道，增加渠道宽度、加强广告宣传和人员推销、改善服务方式和态度，提供更好的售后服务和增加服务项目等措施刺激销售量的回升，延缓衰退。

四、服装品牌

品牌的使用直接关系着消费者、企业和国家的利益。品牌策略的最终目的就是把品牌变成市场上知名度高的名牌。世界著名企业的发展无一不是创名牌的过程，只有创立了名牌，才能有效地保护民族工业，保住和扩大国内市场，挤占国际市场。国际服装市场的竞争实质上是品牌的竞争，名牌的多寡已成为衡量一个国家服装行业强弱的标志。

（一）品牌策略

企业产品的品牌，是产品策略中非常重要的内容。由于市场不断繁荣和扩大，同类产品的品牌也越来越多，消费者的选择多了，任何一种品牌都不可能永远被消费者接受。因此，为了延长品牌生命周期，企业只能不断开发新产品，保证产品质量，保护品牌。如发现品牌不理想，可推出新品牌，这样才能保证企业占有市场，在竞争中立于不败之地。企业的营销人员，要了解消费者的品牌心理，制订相应的品牌营销策略。

（二）品牌管理

综观当今世界经济强国，无不以名牌产品称雄世界。企业要生存和发展，就要有创名牌的意识。创名牌不是一朝一夕的事情，而是一项长期艰巨的工作，是创一流产品、一流管理、一流服务、一流人才的过程。创立名牌之后，还要发展、保护、管理好名牌。申请注册取得法律保护是保护品牌的最有效的方法。对于实力较强的企业，最好做到产品流通前，品牌先保护。否则被他人抢先注册，其后果就不堪设想。商标经过注册，能够获得商标专用权。商标专用权也称为商标的独占使用权，即注册商标所有人有权在核定商品上使用其注册商标，而且，可以禁止他人在未经许可的情况下在与核定商品相同或相似的商品上使用与注册商标相同或相似的商标。

五、服装价格

价格是企业市场营销组合中十分重要的因素之一。它不仅关系到企业的赢利和亏损，还关系到企业产品的市场竞争力。产品的价格往往受到成本因素、产品因素、渠道因素和促销因素等企业内部因素的影响以及供需状况、替代品价格、国家政策等外部因素的影响。在实际营销活动中，价格因素对市场营销组合中的其他因素影响很大，市场营销人必须重视对价格的研究。在服装市场营销实践中，由于消费者对服装需求的多样和多层次性，决定了服装价格的复杂多变性。

第五节　服装市场概况

国内市场与国际市场是市场营销的两个重要领域。把国内市场营销与超越国界的国际市场营销结合起来，是市场营销的重要组成部分。今天，世界经济活动的三分之一以上已经直接纳入了国际市场体系，国与国之间的分工不断深化，我国的服装企业如何立足国内、走向国际市场是当前面临的最关键的问题。下面就来了解一下目前国内外服装市场的基本情况。

一、国内服装市场概况

中国有庞大的人口，本身就组成了一个庞大的服装消费市场。同时，中国城乡居民收入较快增长，对服装市场的销售增长起了很大的带动作用。从整个行业来看，在中国的服装品牌因为市场消费结构的改变而形成新的两大不同阵营。第一大阵营就是走高端路线的服装品牌，以海外品牌为主，近些年，这部分品牌获得了巨大成功，究其原因主要是高收入者消费能力非常强，他们对奢侈品和高档品牌的消费能力在不断增长；第二就是走大众路线的服装销售阵营，如 ZARA、H&M 以及国内的歌莉娅、太平鸟等服装品牌销售走势也很好。

（一）主要服装市场概况

1．女装市场

女装市场细分程度高，是服装中时尚和色彩表现最充分的品类。女装市场多年的竞争，造就了女装企业把握市场先机的能力，使得女装在大商场中一直是销售快速增长的产品。中国的女装品牌已经逐步形成了由高端到低端的市场格局。市场上女装品牌最多，但国内本土的女装品牌多集中在中低档市场。

2．男装市场

根据国家统计局推算，2009 年，中国男性人口数量为 68,652 万人，占总人口的 51.4%，比女性的比例略高，由此可见，中国的男装消费者构成了一个容量不容忽视的市场。男装产品消费市场正处于一个变化的过渡期，消费周期日益缩短，各地新品牌不断出现，行业竞争相当激烈。目前，国内男装产业集群的分布有着非常明显的地域性，已打破了以前浙江男装的一统天下，形成了浙江、福建、广东三足鼎立的格局。

3．童装市场

目前，中国 15 岁以下的儿童约 2.5 亿人，国内城镇居民对各式童装的消费近年一直呈上升趋势，有人估计，目前已形成约 550 亿元的童装市场。随着中国人生活水平的提高，中国童装市场的消费需要从实用型转向追求美观的时尚型。采用较为舒适的面料制作的款式设计宽松的舒适性童装和休闲运动童装成为童装市场需求的发展趋势。

4．职业装（制服）市场

随着职业装概念的普及，中国的职业装产业近年快速发展，成为一个庞大的产业群体。从长远来看，科技含量将成为划分职业装档次的重要依据之一。职业装的科技含量包含两个方面，一方面是指设计符合人体工学的合理性，符合行业的特点，穿着舒适，实用；另一方面是指功能性，主要表现在面料原材料、染料的无害应用以及防辐射等方面。

5．休闲服装市场

20 世纪 80 ～ 90 年代迅速崛起的休闲装品牌经过这几年激烈的竞争，市场需求出现疲软，产能超过实际需求能力。产业进入了发展的调整期和战略机遇期，休闲服的种类也在不断细分为大众休闲时尚化、时尚休闲风格化、运动休闲主题化、商务休闲年轻化、户外休闲生活化、牛仔休闲个性化。

6．运动装市场

从阿迪达斯、耐克、彪马到李宁、安踏、乔丹、361°、特步，运动装市场这几年高速发展。在运动装市场中，国内品牌主要集中在二线以下城市，国际品牌主要集中在一二线城市。随着耐克、阿迪达斯调整市场战略，关注二三线市场，预计今后运动装在各个市场层面均会掀起激烈的竞争。

此外，以新能源和环保为主旨的"绿色经济"将是服装品牌占领市场的另一因素。顺应低碳消费潮流，一些品牌如李宁等已积极回应低碳服装消费，推出环保服装系列，宣导穿衣的新环保理念。

（二）竞争形势

中国服装市场高度分散，竞争激烈。以男装市场为例，据市场调查资料显示，2008 年中国男装市场中，100 大品牌的市场占有率约为 44.6%，而十大品牌的市场占有率却仅为 20.3%，余下的 55.4% 男装市场由各自占据的市场份额低于 0.2% 的品牌占有。

受居民收入水平所限，在服装市场上占据主要地位的始终是国产品牌。如针织内衣中的三枪、防寒服中的波司登、夹克中的七匹狼、西裤中的九牧王、羊绒羊毛衫中的鄂尔多斯等。不过由于大城市的大商场不断调高定位，某些国产品牌被迫从大城市的大商场中撤出，向二线城市和批发市场延伸或转移。另一方面，国内品牌也在不断提高档次。

近来，外销型企业掉转头进军国内，市场竞争将进一步加剧。由于原料、原材料价格居高不下、人民币升值压力越来越难以消化、外贸加工费日益透明、国际竞争对手迅速成长等原因，常规产品的出口越来越无利可图，加上近年出口退税下调令外贸加工型企业急需寻找新的利润增长点，于是纷纷把目标指向国内市场。成本上涨也要求企业提高服装档次，加强产品设计，改变服装企业紧紧依靠价格的竞争方式。

目前，中国的高端服装市场几乎完全被来自法国、德国、意大利、日本、美国、英国、韩国等国家的服装品牌占领；中国香港、台湾品牌则主要集中在中端市场；中国大陆品牌主要集中在中低端市场。韩国服装业极其看好中国服装市场前景，不断探索开拓中国市场的道路，起初以休闲装、女装为主，其后男装、高尔夫运动装、童装和内衣等几乎全门类的多个品牌相继跟进，活跃在中国市场上。

二、国外服装市场

由于世界经济发展的不平衡，服装生产地与消费地的分离程度加剧，从而导致了世界服装进口量的增加。现在世界上三大主要的服装进口国（地区）分别是美国、欧盟和日本。

（一）美国市场

美国的服装消费为全球之最，在经济低迷的 2007 年，其服装销售额还高达 1700 亿美元，即年人均花费 80 美元用于购买服装。美国是一个进口型的开放市场，对纺织品及服装的需求量很大。

近几年随着经济形势的持续好转，美国居民服装需求重回低迷前的消费增长水平，美国居民的人均衣着消费支出、美国市场服装服饰零售额保持平稳增长，见下表。虽然中国仍遥居美国服装进口来源第一位，但进口数量出现却呈现下滑的态势，在美国服装进口市场份额减少。据美国商务部数据资料显示，2011 年一季度，美国从中国进口服装产品 56.43 亿美元，同比仅增长 7.61%，低于同期美国从全球进口增速 5.7 个百分点，较上年同期美国从中国进口服装产品的增速（14.92%）也低了 7.31 个百分点，更分别远低于美国从越南、孟加拉、印度尼西亚进口服装产品数量增速 16.52 个百分点、22.53 个百分点和 16.67 个百分点。这显示了中国服装产品在美进口市场正受到竞争对手国的挑战。

美国从全球进口服装产品金额变化

时　　间	美国从全球进口服装总额（亿美元）	同比增长（%）
2006年	716.30	4.24
2007年	739.23	3.20
2008年	715.68	−3.18
2009年	631.05	−11.83
20010年	713.98	13.14
2010年一季度	152.02	2.40
2011年一季度	172.25	13.31

注　数据来源：美国商务部。

从美国进口商品的构成上看，美国消费者购买的服装以棉纤维织物为主，在不同产品类别当中所占比例最大的是牛仔类服装，接下来是短裤，然后是针织物衬衣、机织物衬衣等；运动装含棉量比较低，但是运动服装市场在近些年来发展非常快，这主要是由于运动装穿着场合增加，跟休闲服装之间的界线越来越模糊了，另外，功能性是运动服装一个非常重要的特性，在所有运动服装中，有 39% 的运动服装具有功能性，其中最重要的就是吸湿、排汗、快干、有弹性等，但它们主要以化纤面料为主，穿着舒适性不够，所以占市场份额不大，如果我们开发出以棉纤维为主、兼具吸湿排汗性能的产品，将会有非常大的市场机会；再有，美国消费者的环保意识是相当强的，消费者在购买自己服装的时候会追求环保产品。

从美国进口服装的档次上看，在涌入美国的纺织品中，以中高档为主，档次低、价格低的纺织品输入容易遭受反倾销法案的制裁。当前在美国国内，消费者的消费观念发生了转变，在服装零售方面，折价商店的市场占有率上升最快，但这并不说明以后服装进出口的市场以中低档为主。如何提高服装产品质量和附加值，保证以高价位进入并占领美国市场，仍为各国服装出口企业普遍关心的主要问题之一。

（二）欧盟市场

欧盟纺织品服装的市场是全球容量最大的纺织品进口市场。欧盟不仅是世界上主要的服装进口市场，同时也是世界上第二大服装出口商。服装业在欧盟虽然谈不上是什么支柱产业，且主要集中在南部国家，但其影响力仍不可小视。欧盟纺织服装产业的优势在于其技术含量高，创造力、创新和产品质量都处于世界领先位置，但是，劳动力和环保成本过高则是欧盟纺织服装业的"软肋"。这给包括中国在内的发展中纺织大国带来了机会。

欧盟国家的纺织服装市场可分为三个消费档次：德国、法国、意大利等属于第一个档次，德国和法国既是主要的服装进口国，也是服装出口国，主要出口高档次、高价位的服装，另外，意大利也为服装出口大国，同时又是运动休闲服的世界第一市场；英国等属于第二个档次，其服装消费与第一个档次的国家相比有一定的差距，英国服装市场对进口的依赖性很强，英国消费者购买的服装中大约 50% 为进口货；第三个档次的国家国民收入水平较低，服装消费相对较少，如希腊、葡萄牙和爱尔兰等，这些国家居民尽管消费水平较低，但服装支出在消费预算中仍占有较大的比重。

欧盟各国的纺织服装消费又各有其特点。法国人对服装服饰的时尚性要求很高；轻松、休闲、宽松是意大利人日常服装的主要特点；德国人更注重简洁、朴素和严谨。针对这些消费特点，中国企业可以选择适销对路的产品出口。

（三）日本市场

日本由于产业结构的调整，逐渐由服装出口国向进口国转变，并成为世界服装进口大国之一。日本是中国规模巨大、发展稳定的纺织服装出口市场。据有关资料介绍，中国已成为日本成衣和各类纺织品进口的主要来源地。日本对服装贸易无配额限制；其市场变化快，服装的流行期短，款多量少，追求品牌的价值。近年，日本市场高档与低价商品并存，服装消费"两极分化"加剧。中国的服装产品已逐步从"质次价廉"进入"物美价廉"阶段，但缺乏品牌的弊病是中国深度开拓日本市场的严重障碍。日本企业在品牌运营方面，有很成熟的经验，在品牌运营方面加强与日本企业的国际合作，是中国企业亟待迈出的重要一步。

第六节　服装营销策略

一、服装销售渠道研究

服装销售渠道是指服装的流通渠道，是服装从生产者手中转移到消费者手中所必须经过的路线或中间环节。销售渠道畅通与否，直接关系到服装流通的速度与费用，从而影响服装企业的经济效益和服装产品的市场竞争能力。服装销售渠道一般是由四个基本要素组成的：服装生产商、服装中间商、服装消费者、其他辅助商。

（一）销售渠道结构

我国服装商品的销售渠道是随着市场经济的发展而形成的一种多渠道的结构模式。一级交易市场大多聚积在东南沿海的发达地区，而二级市场则分布在交通便利的区域中心，次级市场分布更为广泛，形式更为多样。从目前情况看，全国已形成了以中国绍兴轻纺城、浙江义乌小商品市场、温州服装加工批发基地、石狮服装市场、广东虎门富民时装城、广东西樵轻纺城、广州站前路服装批发市场、浙江桐乡濮院羊毛衫市场等一批一级批发市场；以这些市场为基础，在其他地区发展起来多个二级和次级批发市场，如辽宁海城西柳大集、四川成都荷花池市场等。交易商从广东、浙江、福建来购买面料和服装，再以次级批发市场为核心，辐射到周边省市和地区，由数百万批发商和零售商组成的销售网络覆盖了全国各地，构成了由农村集市和全国性的、区域性的集散市场组成的多层次的批发零售体系。

还有一些服装生产企业直接在大型商场设专柜或在大中城市设立专卖店、连锁店、店中店进行销售以及邮购、网购等新型销售渠道。

1. 服装连锁店

服装连锁店是由服装生产企业或其代理商在各个销售区域设立的专门经营其一条产品线或某个品牌产品的特定零售商店。连锁经营作为一种现代化零售商业的组织形式，在国外已有一百多年的历史了。现在，连锁店已成为许多市场经济发达国家零售业的主流。它对推动现代化的生产、引导消费、降低生产和经营成本、提高流通组织化程度、建立有序竞争和正常的流通秩序起了重大的作用。连锁店的经营形式是从 20 世纪 80 年代中期传入我国的，主要集中在食品、服装、百货等行业。"服装连锁店"就是所经营商品为服装的连锁店。由于服装连锁店主要经营一种品牌的服装，故"服装连锁店"有时也称为"服装专卖店"。在我国，有的品牌连锁专卖销售已达到相当的规模，如真维斯、美特斯邦威、李宁等品牌。近年来，服装专卖店以其个性化的特点，在全国范围内迅速发展，已经成为服装销售的重要渠道。服装连锁店的种类有：

（1）正规连锁店：也称公司连锁店或直接连锁店，是指连锁店的所有权和经营权均高度集中于总部，连锁店的经理人选、进货计划、销售方式、广告宣传及员工工资、奖金等皆由总公司控制。正规连锁店只有一个决策者负责决定各分店的经营产品，集中采购以争取最大的数量折扣优惠，并将产品运送到各连锁店中，统一制订价格，决定销售策略，统一商店布置，在消费者中树立统一的形象，增强消费者对连锁店的信心。

（2）自由连锁店：也称自愿连锁店或任意连锁店，是指总部与分店是协商服务关系，分店的所有权和经营权相对独立。各分店自负盈亏，每年向总部交纳一定比例的加盟金或指导金，总部的利润也要部分返还分店。这是一种既相互独立又相互缔结的连锁关系，在使商品进货及其他事业共同化的同时，达到共享规模利益的目的。这种形式的服装连锁店并不多见。

（3）特许连锁店：也称合同连锁店或加盟连锁店，是指通过合同的形式，把一个企业（总部）的特别资源（如商标、商号、服务标志等）的经营权有偿转让给他人（分店）的一种经营方式。分店和总部连锁关系的纽带是合同，在这种方式下，双方订立契约，特许权授予者允许经营者销售它的商品或使用它的经营方式，并且提供各种协助性服务。同时，经销者除依照契约规定使用特许权授予者的商标、器具、服务方式外，还须与授予者分享利益。目前，服装特许经营方式已经发展成为服装零售业的重要组成部分。例如，"佐丹奴"专卖店部分为正规连锁店，部分为特许连锁店。这种特许经营方式对于那些资金有限、缺乏经营经验又想投资创业的人具有较强的吸引力。然而，好的经营方式并不代表着一定会成功，而且在我国众多的服装连锁企业中，不少企业仅仅是形式上的"连锁"经营，而并非真正意义上的连锁经营。

2. 服装邮购

在我国，服装邮购尚处于一种起步阶段，而在国外已经有一百多年的历史了。邮购有两种形式：一种是产品目录；另一种是直接邮寄。产品目录是把所要出售的商品以书刊目录的形式列举介绍，并配以相应的资料介绍与图片介绍。直接邮寄则是在某一具体时间内，采用小册子（优惠券）提供某一种特定的产品或服务。直接邮寄与产品目录相比更具一些个性化的特点。邮购渠道与传统渠道相比，最大的优势就是能为消费者提供极大的便利性，另外，商品的独特性与价格的合理性也是竞争的关键。但邮购的一个很大的缺点就是消费者在购买之前是无法触摸、感觉和试穿所购买的商品的。因此，一些邮购商为了克服这些缺点，采取了寄送衣服的布料样品、提供精确的尺寸以及不合身可免费退货的服务。

3. 服装网上销售

随着家庭电脑的普及和互联网的发展，网上营销、电子商务已经成为企业营销活动的重要组成部分。服装的网上销售也变得日益普及了，尽管目前网上销售的成绩还远远不及传统的销售渠道，但它已经开始改变了人们的购物方式，网上销售的优势正逐渐被人们所认识。当然，网上销售也存在一定的缺陷。如交易的安全性、网上的价格的开放性与价格的竞争、对原有销售渠道的冲击以及缺乏亲身的产品体验等。

（二）销售渠道的选择

服装销售渠道是由三个部分组成的，其中间商的形式多种多样。服装企业在分销产品时，经过的中间层次或环节有多有少。中间层次或环节越多，渠道就越长。服装是一种日常生活用品，服装消费具有层次性、时间性，消费者地域分布广，这些特点决定了服装企业可以根据本企业的经营特点，灵活选择长短不同的销售渠道。同一层次或环节的中间商数量越多，渠道就越宽。销售渠道的宽窄直接影响到企业产品的销售范围、企业对中间商的控制能力。企业在选择中间商的时候，必须牢记的就是"建渠道要先找顾客，再找中间商"。在具体选择中间商时，还必须对中间商进行全面的评价，否则，就可能做出错误的选择判断，给企业带来不必要的损失。如有的中间商拖欠货款，有的中间商故意制造很多麻烦以拒付货款，有的中间商的经营行为会损害服装企业的声誉等。企业在选择渠道模式时，要注意发掘自身在市场竞争中的优势地位、发挥自己的竞争优势，将渠道模式的设计与企业的产品策略、价格策略、促销策略结合起来，增强企业营销组合的整体优势。

（三）销售渠道的管理与控制

市场营销的核心是效率，就是要以较少的资源投入获得尽可能多的产出，最大限度地满足消费者的需求。在企业对销售渠道进行管理时，首要考虑的因素也是效率。对渠道的管理和控制，就是要运用科学的技术和手段，在保证完成分销目标和任务的前提下，尽可能地减少渠道中的人力、物力、财力的消耗。通过安全、快捷、准确、价廉的商品运输提高商品的时效性，通过科学的进货管理和库存管理降低商品的储存成本。企业销售网的工作是否得力、是否能取得产品市场和创造产品形象，很大程度上取决于中间商推销本企业产品的热心程度和努力程度。争取中间商，维持老客户，控制中间商的经营行为，消除不利因素，是市场营销机构的一项重要任务。

二、服装销售预测与分析

市场信息的搜集、整理与分析是企业进行市场营销的基础工作。企业既可以利用本企业的历史销售资料进行销售业绩的跟踪分析，为修正或调整企业的营销方案提供依据，也可以综合利用内部和外部信息源提供的信息进行销售预测，为企业制订未来的营销计划提供决策的依据。前者是销售分析，侧重于目前问题的分析与解决、经验的总结和推广，是企业营销过程的反馈系统；后者则侧重于远景规划和市场销量的预测，是企业营销过程的前馈系统。当服装企业完成了市场调研工作，明确了市场机会和可能进入的目标市场之后，需要对目标市场的需求进行量化分析，预测目标市场的潜在规模、成长和利润空间。服装市场需求分析是进行销售预测、编制营销计划的基础。企业在实施产品更新换代、制订改扩建计划、增加新的投资项目计划之前，只有掌握了准确的市场信息，才有可能在市场中立于不败之地。市场预测就是根据第一手资料或第二手资料，运用数学方法进行分析，对影响服装销售量变化的因素进行分析和研究，对服装未来销售量的发展趋势做出估计和判断的过程。市场预测的内容很广泛，它既可以是反映整个市场供求变化的总量预测，也可以是反映某企业市场份额变化的个量预测。市场预测是制订营销方案的起点，市场预测的准确程度也将直接影响到所制订的营销方案及实施营销方案所取得的经济效益。

服装销售分析是指服装企业对本企业一定时期的服装销售的结果进行分析，它是利用企业内部历史销售资料进行分析的一种方法。其主要内容包括：区域性市场销售分析、服装品种与系列的销售分析，目标顾客的分析及目标市场竞争分析。其目的是通过对历史的销售资料进行分析，确定企业在市场竞争中的优势、劣势及其形成原因，在此基础上形成对原有市场营销方案的修正或调整意见，为决策者提供市场决策的依据，同时也是对企业市场营销部门工作业绩评估的重要依据。

三、服装促销策略

现代市场营销不仅要求企业提供满足消费者需要的产品，制订有吸引力的价格，选择适当的分销渠道，使目标顾客容易得到他们所需要的产品，而且要求企业塑造并控制其在公众中的形象，与公众进行有效的沟通。在现代营销活动中，每一个企业都担负着信息传播者和促销者的角色。促销的主要任务，是向消费者传递生产者所提供的产品和服务的信息，以求扩大销量。促销策略是市场营销组合的重要组成部分，也就成为企业营销决策的重要内容。

促销是指卖方通过向消费者传递有关产品的信息、帮助消费者认识商品所能带来的利益，从而引起消费者的兴趣，激发消费者的购买欲望，促进消费者产生购买行为的一系列活动。促销的主要任务，是向消费者传递生产者所提供的产品和服务的信息，以求扩大销量。促销策略是市场营销组合的重要组成部分，也就成为企业营销决策的重要内容。

促销作为企业与市场联系的主要手段，包括多种活动，主要有广告、人员推销、销售促进、公共关系以及近些年在我国兴起的 CI 活动等。其中，人员推销是通过销售人员直接向消费者传播信息，称为直接促销；而其他几种促销方式是通过一定的媒体传播信息的，叫做间接促销。见下图。

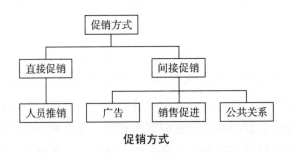

促销方式

促销是企业市场营销活动的重要内容，企业通过各种促销活动传递信息、沟通产需。促销成为市场上买卖双方进行交易的前提，在现代市场营销中，对提高企业市场占有率等具有重要的作用，其主要作用表现在如下几个方面：扩大企业及其产品的影响，提高其知名度；创造需求，争取潜在顾客；激发顾客的购买欲望，帮助顾客做出正确的购买决策；留住顾客，培养顾客对企业产品的偏爱感和依赖感。当然，促销要达到上述效果，不仅需要各种促销方式配合使用，而且还要使促销策略与营销组合的其他因素协调配合，形成一个整体营销战略。

（一）直接促销——人员推销

人员推销是一种通过与目标顾客的直接接触来推动销售的促销方法，是指专职推销员在一定的环境里，直接向顾客介绍商品，并运用推销技术和手段，说服消费者接受商品，满足消费者的一定需要，同时达到推销者的特定目的。在促销措施中，人员推销是一种最普通、最直接、最基本、最灵活而具有针对性的一种常用方法，特别是在争取消费者的爱好、信任和促成产品当面迅速成交方面效果比较显著。某些服装产品在一定营销阶段，人员推销是一种最主要、最有效的推销方式。

1. 人员推销的形式

（1）派员推销（人力推销）：派推销人员推销产品，是一种产需双方直接联系的推销方法，这种推销形式是推销人员携带样品或者说明书，到用户单位或消费者处推销产品。适合服装中的一些大宗原材料、面料、辅料的推销。人员推销要取得成功，在很大程度上取决于推销人员的推销技术和事前准备是否充分，为此，推销员在工作前，要充分做好准备，如分析用户特点，制订访问计划；访问时态度要从容，语言要精练，实事求是地介绍产品，用事实消除消费者对推销人员的疑虑。

（2）设立推销门市部推销产品：生产企业在适当地点设立固定门市，以守门待客的方法向消费者推销产品，这种销售机构主要是为了推销本企业产品而设立的窗口，可以为消费者提供产品的固定销售场所，为消费者提供购买方便。

2. 人员推销要注意的几点问题

（1）注重人际关系：销售人员除了多方面为顾客提供服务，帮助他们解决问题，还可以在面对面的交谈中，与顾客谈及职业、社交等其他问题，久而久之，双方有可能建立起友谊关系。

（2）销售人员在推销过程中观察顾客对推销陈述和推销方法的反应，并揣摩其购买心理的变化过程，根据顾客情绪及心理的变化，酌情改进推销陈述和推销方法，以适应各种顾客的行为和需要，最终促成。

（二）间接促销

1. 服装广告

对于一个企业来说，广告并不能直接带来利润，而且还要增加企业的经费开支，加重企业的社会责任。但是企业可以通过广告宣传，在公众中建立良好的形象，它是企业进行市场竞争的有力手段，可以给企业带来长期的间接利益。

服装业的广告花费占整个广告业的比重是比较小的。服装业内不同产品，如内衣、睡衣、鞋类、牛仔裤和运动衫，在广告上的投入也不一样。由于服装宣传对印刷质量有较高要求。一般广告媒体都选择在杂志上做广告。这些杂志一般都有特定的读者群，广告宣传可以取得较好的效果。现在，服装业也采用有线电视网、卫星电视等先进的媒体进行广告宣传。这些媒体虽然费用昂贵，但在年轻的消费者中间影响比较大，选择这一媒体，可以对年轻人这一服装消费主体产生巨大影响。直接邮寄广告方式在服装业中也有应用。总之，服装业广告也像其他行业广告一样，广告策略必须与企业整体策略相一致。如果广告宣传投入很大，而零售店没有存货或存货不足，则广告策略是无意义的。

2. 服装视觉促销

从服装材料生产厂家、设计师、生产商、批发商、零售商和服装博览会，服装市场营销体系中的每一个环节都可以通过视觉促销来提高其产品的吸引力和竞争力。但在这方面花费精力和资金最多的还是零售业。在购买地点，通过广告、展示品和室内设计，可以促使目标顾客做出购买行为，这是一种促销技巧，因而称为视觉促销。富有创意的视觉促销可以帮助零售店促销产品并创造商店独特的形象。不断变换的时装，往往是消费者特别是女士们购买欲望的起点，也是零售业活力的来源。目前我国服装市场实现了由卖方市场向买方市场的转变，市场上的服装极为丰富，产品是否能够实现销售则依赖于消费者对产品的选择。在许多场合下，消费者购买服装的动机大都基于购买现场的因素，因而视觉促销对服装销售就显得尤为重要了。视觉促销能吸引消费者的注意力，刺激购买欲望，营造良好的展示氛围，节省店员说明时间，增进销售效率。

（三）服装的销售促进

销售促进是为了刺激消费者和中间商购买的各种短暂性促销措施。它是广告宣传和人员销售的一种辅助方式，具有针对性强、非连续性和灵活多样的特点。采用销售促进，为消费者和中间商提供了特殊的购买条件、额外的增补赠品和优惠的价格，对消费者和中间商产生一定的吸引力，影响他们的购买决策。因此，利用它在短期内对于开拓市场、争取顾客和进行市场竞争有着很大成效。销售促进能加速新产品进入市场的进程，适应的促销活动，常会增加消费者的兴趣，增加销售量，同时能带动相关产品的销售。销售促进对中间商而言，有利于其销售利润的提高；对消费者而言，销售促进使其切实受益，提高顾客的满意度。同时销售促进也可作为一种防御性的营销策略，用于抵制竞争对手的侵犯，保持自己的市场占有率。但销售商品的迫切感，容易引起顾客的顾虑，使他们怀疑产品的重量或者价格订得不公等，从而使消费者产生逆反心理，降低产品的身价。所以企业应力争避免对同一产品频繁使用销售促进，并注意选择其他合适的方法。销售促进的类型如下。

1. 按实施主体划分

根据实施主体的不同，可分为制造商提供的销售促进和零售商提供的销售促进。其中制造商提供的销售促进又可根据对象不同进一步划分为推销员销售促进（如销售竞赛、销售赠奖等）、消费者销售促进（如折价券、免费赠送样品、竞赛与抽奖、赠品等）、经销商销售促进（如折让、店面宣传、联合促销、合作广告等。）零售商提供的销售促进多是直接针对消费者的，如价格折扣、商品展示、竞赛、抽奖、印花、赠品等。

2. 按销售促进工具划分

按销售促进所使用的工具的性质，可分为四类：免费类（如免费样品、免费赠品、印花等）、优惠类（如折价券、折扣优惠、退款优惠等）、竞赛类（如抽奖、经销商或推销员竞赛等）、组合类（如联合促销、会员制促销等）。

企业为取得批发商或零售商的合作，可以使用购买折让、广告折让、陈列折让、推销金等销售促进方法。

（四）公共关系

公并关系是指企业为了获得公共信赖、加深顾客印象而进行的一系列旨在树立企业及产品形象的促销活动。公共关系的活动方式多种多样，而且不断翻新，层出不穷。对于企业来讲，公共关系的活动方式与企业的规模、活动范围、产品类别、市场性质等密切相关，不可能有一个统一的模式。但概括起来，企业公共关系部门的活动大致有以下几种形式。

（1）赞助和支持各项公益活动，在社会树立一心为大众服务的形象。

（2）新闻宣传，企业应当争取一切机会和新闻建立联系，将具有新闻价值的信息提供给新闻媒介。

（3）听取和及时处理公众意见，这样既能满足公众要求，又可以使顾客满意，体现诚实，密切企业与公众的关系。

（4）企业通过各种渠道与消费者、社会团体、政府机构、银行等建立密切联系，开展交际活动，取得互相信任和支持，加强和保持长期、良好的联系与合作。

（5）积极举办和参加各种社会活动，通过举办新闻发布会、展销会、博览会、看样订货会等，向公众推荐本企业产品，介绍产品知识，增进了解。

（6）积极满足顾客的各种特殊需要，提供周到的服务，为顾客排忧解难，赢得顾客满意，争取更大的长期利益。

第七节　服装的国际推广

国际市场营销的主要作用就是，使企业通过一系列的活动，将产品和劳务最终到达消费者手中，并使企业获得最大利润。市场营销策略都适用于国际市场营销，但由于国际市场营销研究的是跨越国界的多国市场营销，所以它有着自己的特性，它所遇到的情况和问题，要比国内市场营销中所遇到的情况和问题更加复杂，影响其成败的因素也要比国内市场营销多很多。国际市场营销研究内容包括：了解和分析国际市场的营销环境（如政治法律环境、经济环境、文化环境、技术环境、地理环境等），收集整理分析国际市场的各种信息，在此基础上，制订企业进入国际市场的各种营销战略与策略（如国际市场的定位策略、国际市场的导入策略、促销策略等）以及设计企业的国际市场营销组织，编制企业的国际市场营销计划和做好国际市场营销的控制工作等，从而使企业有更多的产品进入国际市场，并取得良好的经济效益。

一、国际服装市场的主要特点

当前的国际服装市场主要是买方市场。所谓买方市场，是指市场上卖什么服装，主要由买方（即消费者、转卖者等）来决定。因此，要想成功地把自己的服装打入国际市场，首先要通过市场调查并建立国际市场信息系统，及时了解国际服装市场行情。只有把国际市场上各个国家和地区的服装消费量和具体的消费结构搞清楚了，才可能根据不同进口国的需求，生产并销售适应市场要求的服装产品。

（一）当前国际服装市场范围广、容量大

服装属于日用消费品，虽然我国的国内服装市场比较大，但与国际市场相比，也难免有些相形见绌。目前，与我国有经济贸易往来的国家和地区已达230多个，除了要开拓日本、美国、欧盟等主要国家和地区的贸易外，还要努力开拓中东、南非等重要国家和地区，努力做到国际市场多元化。

（二）当前的国际服装市场竞争激烈、变化多端

随着科技的进步，许多国家的生产能力都大于国内市场的需求，各国都想把自己的相对优势产品打入其他国家，这必然会加剧国际市场的相互争夺和激烈的竞争。与国内市场相比，当前国际的服装市场变化多端。虽然由于生产的发展和收入的提高，各国居民的消费需求也越来越高，但有时由于经济的暂时衰退和金融危机的影响，也导致有些国家的服装消费档次在短时期内出现倒退。与此同时，有些国家的科技发展更加剧了国际服装市场的多变。

（三）国际市场区域集团化趋势进一步影响国际服装市场的发展

为防止外来产品的竞争和保护本地区市场，欧盟的成立加强了欧盟各成员国之间的联系，由于其各成员国的利益一致，这也就为我国的服装产品进入欧洲市场设置了很大的障碍。另一个重要的区域集团北美自由贸易区的成立，使得墨西哥日益成为美国重要的纺织服装供应国。自北美自由贸易区成立后，加勒比海地区成为北美成衣境外加工的重要地区，这在很大程度上也影响到我国的服装出口。

（四）政府干预的加强，使得国际服装市场壁垒重重

与前些年相比，国际市场日益开放。但作为人们日用品的服装，各国在竞相降低本国关税的同时，却设置重重非关税壁垒，例如美国和欧盟的纺织品配额、德国的环保法等，使得他国产品难以进入。

（五）国际服装市场的营销难以控制

与国内市场营销相比，国际市场营销的难度要大得多，语言不同导致交流的困难；文化背景的不同导致审美观的差异，有些在中国受欢迎的服装在国外得不到认可的情况是很自然的；国际服装市场的市场环境要比国内市场复杂得多，许多问题我们还不太熟悉，有些在国内市场营销中可以控制的因素，在国际市场营销中往往变成了难以控制的因素；进入国际服装市场的企业还需充分了解所要进入的国家和地区的准入条件和当地的各种风俗习惯。这一切都使得国际服装市场比国内服装市场更难于控制。

二、服装国际推广的方式

选择什么方式进入国外市场，是国际市场营销中最关键的决策之一。当公司选择在国外市场经营的方式时，它实际上也是在选择营销方案。进入国外市场的方式有很多，包括从直接出口、间接出口和到国外生产等。

（一）间接出口

所谓间接出口是指出口企业通过别的经济组织向国外市场销售自己的产品。从某种意义上说，间接出口与国内销售的具体操作一样，只不过销售的区域有所不同而已。实际上，间接出口并不能算是真正意义上的国际营销。间接出口有以下几种方式。

1. 通过国内贸易公司向国外市场销售

这种国际推广方式在我国服装的外销当中占有很大的比例。由于我国长期曾由外贸公司把持进出口贸易，使得国内许多服装生产企业的原材料进口、成衣的出口均需通过贸易公司；与此同时，外贸公司也将从国外得到的订单下发到国内的服装生产企业。但这种方式往往使服装生产企业与消费者隔离开来，使生产商远离目标市场，无法了解消费者的反馈意见，也无法控制自己产品的销售。所以，生产企业不能过分依赖贸易公司进行间接出口。

2. 通过出口管理公司向国外市场销售

与其他间接出口方式相比，通过出口管理公司出口一般更容易合作和控制。出口管理公司往往在商业信函中使用生产商的名称，站在生产企业的立场进行谈判并能与企业就订货和报价问题进行共同协商，这样可以使企业了解国外市场行情，并凭借目前的经营和出口管理公司的经验与目标市场建立联系。而且，一个出口管理公司往往不只做一家企业的出口业务，它往往同时经营几家公司的产品，这样，几家公司的产品之间存在互补性，使得产品容易占领目标市场，扩大销售量。这种方式很适用于服装企业，因为服装生产企业往往规模较小，它们希望向国外出口服装，但又限于实力，无法单独进行出口业务，这时，选择出口管理公司向国际市场进军是一种比较理想的策略。

3. 通过"三来一补"方式向国外市场销售

所谓"三来一补"是指来料加工、来件装配、来样制作和补偿贸易的统称。由于我国目前的经济发展水平还比较低下，决定了我国绝大多数服装企业的规模、资金和技术水平还比较低，与此同时，我国服装面料的纺织技术、染织、后整理等技术相对落后，服装的设计水平与国外存在一定的差距，因此，我国企业十分重视采用"三来一补"的出口方式进入国际市场。但这只能作为服装企业发展原始积累过程中的一种有效的出口方式，任何一个国家在经济发展到一定阶段时，企业的生产类型都会由劳动力密集型向技术、资金密集型转移。

（二）直接出口

直接出口是指企业不通过国内的进出口公司进行转卖，而是直接把产品卖给国外的中间商或最终用户。间接出口使生产企业很难控制产品的销售过程，因而存在极大的局限性。直接出口与间接出口的主要区别是：服装生产企业可以自己进行出口销售而无需委托别的公司。在直接出口过程中，联系国外市场、市场调研、实体分销、出口单证和定价等任务均由生产企业自行负责，因而销售量较大，但出口成本也比较大，因为从事直接出口的生产商必须独立承担所有的费用而不再由间接出口代理公司或合作出口商共同分担。常见的直接出口方式有以下几种。

1. 分销

在直接出口方式中，国外分销商这种方式往往用于知名品牌的出口中。分销商可以是百货公司、折扣商店，也可是超级市场等。但对于进口商来说，这种方式相对成本偏高，因而采用较少。

2. 国外直接设立营销子公司

这种方式目前有些服装公司也在采用，"真维斯"就是其中之一。"真维斯"于20世纪90年代进入我国市场，而今已成为国内著名品牌。"真维斯"本是澳大利亚一家百货公司经营的服装品牌，20世纪80年代，香港旭日集团为了进军澳大利亚服装零售市场，用高价购买了这一品牌，并在澳大利亚开始服装的连锁经营业务，现已成为澳大利亚著名服装连锁店。

3. 代理制

目前，在直接出口方式中采用最多、用途最大的就是代理制。代理制是很多名牌产品常用的销售模式。代理有买断代理和有限代理，代理制的进货渠道相对统一，两种代理形式的最大区别在于前一种是买断货品，后一种是可退换货品。买断代理的风险较大，有限代理则有风险共享的好处，对处于新的市场试探阶段的品牌更为适用。

（三）国外生产

将服装在国内生产再运往国外市场，往往由于关税或纺织品配额等非关税壁垒限制了产品进入国外市场的可能性，加上国际海洋运输风险大、费用高，所以企业有时不得不在国外市场生产，然后就地销售；或者在一些劳动力价值更低但不受纺织品配额限制的国家进行生产，然后销售到其他相邻国家。其方式有以下几种。

1．国外合同生产

所谓国外合同生产，是指由国外代理人在合同规定的条件下依照合同约定进行的生产。此时国外代理人只管生产，营销由公司设在当地的子公司负责。

2．国外许可生产

国外许可生产是指企业将生产（营销）过程的一部分或全部转移到国外进行，然后就地销售或者转售给其他国家。许可生产在国外直接生产方式中使用最为广泛，使用的品牌也最多，产生的效益最大，任何一种品牌要想快速高效地发展，必须充分重视这一推广手段。如皮尔·卡丹、迪奥、伊夫·圣·洛朗、鳄鱼等世界知名品牌均使用许可生产方式。当然，也有少部分世界知名品牌依然严守阵地，不实行许可经营。最有特色的当属 1837 年于法国注册的赫尔梅斯公司，它一直坚持不转让其商标生产许可权，所有产品的设计、生产都在其内部完成，只通过专卖店经销，这样产品就有着严格的质量保证。当然，这与它的目标消费者群体为富裕阶层以及质量第一的原则有很大关系。

3．国外合伙经营

合伙经营是指企业将生产（营销）过程的一部分或全部转移到国外，与国外公司合作生产（营销），根据国外公司所在国家有关的法律，通过谈判签订契约，共同投资、共担风险，双方权、责、利均在契约中明确规定，是一种契约式的合作关系。这种国际推广方式，使企业能获得更多收益；对生产和营销的控制力更强；能获得更多的信息反馈。但这种方式在出资比例、投资回收、投资决策上受合伙方的政策影响较大。

4．国外独资生产

国际性服装公司可以通过购买当地的现有服装生产企业，也可从零开始发展建立自己的生产厂。

（四）补偿贸易

国际补偿贸易的基本原则是买方以贷款形式购进机器设备、技术和专利等，对原有生产规模进行必要改建和扩建，或者直接建设一个新厂，以便尽快提高劳动生产率，保证产品质量，加强产品在国际市场上的竞争实力。其贷款可不用现汇支付，而是有待项目竣工投产后，以该项目的产品或其他产品清偿贷款。

三、国际市场营销策略

国际和国内市场营销策略的目标都是为了适应市场需求变化而不断开发产品、巩固市场。企业选择什么方式进入国外市场，是国际市场营销中最关键的决策之一。

（一）国际市场营销的产品策略

国际市场营销活动中，由于各个国家的政治、经济、社会文化等诸多方面各不相同，市场也都具有各自的特点，因此，就形成了国际市场营销中产品策略的特殊性，即针对不同国家的市场需求，分别制订产品策略。它主要包括两个方面：一是注意国际市场的产品标准化和差别化；二是开发新产品。

（二）国际市场营销的价格策略

价格策略也是实现市场营销目标、确保长期利益和市场地位的积极有效的手段之一。在国际市场营销的活动中，制订价格应考虑以下几个因素。

1. 成本因素

定价离不开成本。国际市场营销中的成本所包含的内容和国内大致相同，但运输费用、包装费、保险费等较国内定价中的比重较大；此外，还有一些特殊的成本项目，如关税、中间商利润、融资及风险成本等也要予以考虑。由于这些因素，使一些产品在国内市场售价较低，而在国外市场的售价则较高。

2. 市场需求

在国际市场上，市场需求也是决定价格的一个重要因素。市场需求体现出顾客的购买能力和支付能力。由于各国经济发展不平衡，消费者的收入水平、购买能力、消费者习惯等不同，构成了各国市场对产品需求也不同。因此，企业在国际市场上，要根据不同的需求情况灵活定价。价格需求弹性较强的产品，其价格的高低对市场需求有很大的影响，一般来说，当价格上升时，需求量就要减少；当价格下降时，需求量就会增加。

3. 竞争因素

国际市场上竞争是非常激烈的，竞争一般有两种形式；直接竞争和间接竞争。直接竞争是指同类产品之间的竞争。在直接竞争的状态下，决定购买的主要因素就是价格和信誉。因此，直接竞争大都以价格竞争为手段。间接竞争则是指替代产品之间的竞争，也就是说通过向消费者提供替代产品，间接地使消费者得到满足。

（三）国际市场营销渠道策略

企业在国际市场营销活动中，首先要开发适合市场需要的产品，制订合理的价格，然而还要考虑如何使产品避免损失、损坏，在适当的时间运到适当的地方，这就是渠道的问题。任何产品，无论销往哪国市场，都要经过商品所有权和实体的转移过程，即销售渠道选择过程和物流过程。这两种过程，在一般情况下是同时发生的，即当所有权由甲方转移到乙方时，产品实体也由甲方转移到乙方。但是也有例外，因为有些中间商如经纪人，并不负责产品实体的转移。商品流通中这两方面的问题都是很重要的。

（四）国际市场营销促销策略

产品进入了国际市场，而消费者却没有得到有关信息，对产品一无所知，那他们就不可能产生购买欲望。因此应当及时地把商品信息传播给消费者，这就是促销活动。和国内的促销相同，国际市场上的促销，也不外乎是人员推销、广告、销售促进、公共关系这四种形式。

■ *思考题*

1. 服装市场的分类方法有哪些？服装市场的特点是什么？

2. 服装消费者需求有哪些特征？为什么企业要深入研究消费者的需求？

3. 个性不同的消费者在购买行为上的差异性表现在哪些方面？

4. 服装销售渠道的结构是什么？有哪些新的服装销售渠道？

5. 什么是国际市场营销？服装的国际市场营销与国内市场营销、国际贸易有什么不同？

第七章 服装专业职业领域及就业前景

在服装行业工作的人们具有广`阔的职业前景和多个层面的职业领域。他们有自由发展空间，有改变工作方向的自由，有搬到不同城市或国家都不需要从头开始或去从事完全不相关工作的条件。服装职业的优势在于其广泛性。服装业是一个广阔的领域，对希望投身这一行业的人士来说，从服装的生产、销售到其他相关或周边领域都有就业的机会。这个行业不仅能发挥个人在技术和管理方面的才能，而且还能展现服装特有的艺术性或创造性。

第一节 服装材料领域的职业

在服装材料领域里，对服装专业技术人员需求数量最大、种类最多的职业是纤维和纺织品生产行业。皮革、毛皮、辅料等其他原料领域也有类似的岗位，但相对来说数量较少。

一、面料设计师
服装面料设计师是指根据消费市场需求及流行趋势的变化，进行纺织面料色彩、图案、织纹、质地、功能、风格等设计的人员，其主要工作是负责织物的市场调研、分析，进行流行要素确定及流行趋势研究；根据调研结果，进行面料的产品定位、开发和设计；对开发面料图案内涵、风格做必要说明，编写产品设计文案；对面料生产以及市场反应情况进行后续跟踪等。

生产服装面料需要技术和艺术相结合，为此，面料设计师不仅需要掌握纺织生产过程的专业技术知识，而且还要具备艺术创造能力和成功预测流行趋势的能力。服装材料设计工作要早于服装贸易几个月，这就要求设计师还要具备敏锐的时尚触角。

二、配色师
很多公司还会聘用配色师，配色师的工作主要是：将市场上已有的老产品面料进行更新配色，再将这些更新后的面料以新产品的形式重新推向市场；进行年度内商品的色彩流行趋势和商品主流趋势的预测，并提案供设计师参考，协助设计师开发新产品；进行新配色面料采购及成本价格核算；配合专卖店设计人员完成相关配饰选择与采购；调查相关竞争品牌的配色；对经销商看面料进行日常接待、制作色卡、建立资料档案。这个职业也需要有服装设计经验、对色彩流行趋势有一定的敏锐力的服装专业人员才能胜任。

第二节　服装设计生产领域的职业

一、企划部门：企划设计师

企划设计师的主要工作是对产品进行企划，协助上级完成品牌季度、年度产品企划；带领设计师、跟单员完成产企划；分析市场需求，提出服装产品发展规划及建设目标；进行日常市场分析以及日常品牌产品管理的相关工作。他们掌控潮流开始实施的时间，并在适当时执行。这是一个需要有预见性并能追溯潮流根源、准确分析附加现象的职业。

二、产品开发部门：服装设计师

对于富有创意的服装专业人员来说，服装业中最令人向往工作就是做服装设计师。然而攀登这一高峰常常是艰难而且具有很多不确定性的，即使站在顶峰，也随时可能下滑。设计新人辈出，即使非常成功的设计师也会困扰于每季的市场前景。

进入服装设计部门工作之前，最好是先到服装零售部门工作一段时间。不管是希望将来在服装设计公司从事设计、生产还是销售工作，直接与消费者接触对服装专业人员来说是非常宝贵的经历。

服装设计师的工作内容主要包括：通过各种媒体和现场发布会收集流行资讯；针对性地对区域市场、商场、目标品牌进行调研，并以提高产品销量为主线，撰写市场调研报告；联系面料商，参加面料订购；结合市场调研结果和流行资讯，与设计总监共同确定产品开发主题和开发计划，同时确定设计师个人负责的项目开发计划；调整并明确设计思路，绘制服装款式图并确定面辅料，接受设计总监的总体控制和建议；与板师沟通设计意图，控制样衣板型式样和进度；协调板师和样衣工的工作，控制样衣的工艺方法和质量；样衣完成后，参与调整样衣板型，修改样衣造型上不理想地方；参与服装产品订货会，听取各区域市场人员和代理商的意见，为下次的产品开发做准备等。

服装设计是一门应用艺术，无论设计师绘出的效果图有多美，最终的目的是让消费者购买服装，因此设计师要有大量一手的资料、快速的资讯获取途径、敏锐的流行分析能力及准确的市场判断能力。现在设计师们越来越多地依赖于计算机辅助设计，来调整线条、色彩和装饰细节以及模拟不同面料的立体效果，并将这些信息传递给面料供应商、生产部门及消费者，这就要求设计师不但要拥有一定的手绘能力，还要有电脑绘图能力，此外还要了解板型、工艺，有工艺创新等方面的知识与能力。绘画功底的深浅与否，不是成为服装设计师的唯一评判标准和要求，国外有许多著名设计师都是从裁缝做起，也有很大一部分设计师并未受过专业院校的教育，没有多少绘画功底。可见，成为一名服装设计师是需要多方面能力的。

对于中等价位和大众市场的生产厂家，设计师的工作不是进行原创而是一种模仿与改制。设计师要具备广泛的技能，尽管可以大胆借用高级时装原创的构思，但需要经过修改才能设计出既新颖又能被大众市场或中等收入消费者接受的服装。

由于许多服装公司的成功都取决于产品系列的设计风格，因此设计的责任一般不会委托给一个新手，即使是很有天赋的人。刚刚开始工作的新人除了以自由设计师的身份提供设计外，还可做一些设计师助手的工作，这类工作包括设计师助理、初级设计师，将来有望逐渐升职为设计师甚至更高的职位。

三、服装生产部门

这部分岗位是与服装厂和办公室相关的工作。服装专业毕业可以做的技术性工作是服装生产管理和样板制作。

（一）跟单员

跟单员（PMC, Product Material Control）的主要工作是负责订单从评审、生产到出货整个过程的生产跟进，他们必须能够对从原材料供应到工人工作时间表进行及时跟单，以确保按时完成顾客订购的任务。其主要职责是：负责与生产计划的相关资料文件的归档、分发；及时对生产计划的执行情况进行现场检查、跟进、记录并反馈给主管；汇集生产资料并做产能分析统计，保证跟进信息传递的准确性；完成生产计划小组各类报表；协助上司完成各项事务工作。工商或工程方面的学习经历对获得这些工作是很好的背景。跟单员是否得到提升，通常基于工作表现及是否具备承担更多的责任的能力。

（二）样板制作

服装样板师是指体现设计师创意，将设计图纸转化成立体的、动态的时装的专业人才，被视为"把设计理念转化为实物的承上启下的灵魂人物"。他要使设计师的图稿具体化并使其想法三维立体化。样板师要保证创造性与生产性的相符，他的任务在于运用必要的工艺技术实现样衣，同时保证款式、面料及季节的实用性。样板师应精通手工打板、平面打板或立体裁剪以及电脑打板等各种制板方法，并根据服装的特性，选择恰当的制板方法；熟知放码、排唛架等服装公司整套生产流程；还要有较好的艺术修养以及对时尚的洞察力。

据了解，以我国5万家服装企业计算，至少需要10万名服装样板师，仅上海服装企业（近3000家服装企业）就需要近万名样板师。目前，培训服装受过专业、有专业职称、有多年工作经验特别是具有专业制板经验的服装样板师供不应求。对于服装来说，一样的设计，用不同样板技术去表达，会直接影响品牌体验和档次的细节。因此高级的服装样板师是各大服装公司争抢的对象，待遇优厚。

（三）面料买手

买手即 Buyer，采购员。面料买手负责买进各种面料和辅料，与产品负责人和设计师合作，订购并检查面料的质量。这种工作要有面料知识，同时还要具备良好的管理能力（订货、跟进服装生产日期、供货商结款）还要有产品技术知识（面料的重量、线、印花、各种配饰等）。

第三节　服装营销领域的职业

营销领域最好的起点工作是售货员，售货员可以与顾客面对面地接触，可以了解顾客需要什么，为今后的发展打下良好的基础。此外，还有一些岗位也是服装设计人员可以选择的就业方向。

一、产品买手

产品买手往返于世界各地，常常关注各种信息，掌握大批量的信息和订单，不停地和各种供应商联系并且组织一些货源，以满足各种消费者不同的需求，这个职业最终可以创造出惊人的市场价值。买手必须站在时尚潮流的最前端，了解行业规范、货品辨别能力，在适当的时机敏锐出手，以低廉的价格购买他们认为适合的商品，加价出售，赚取一定利润。这是买手必须具备的基本素质。优秀的买手时刻关注时尚信息，对潮流有敏锐的"嗅觉"；有设计天赋，具备一定的专业素质，能迅速而准确地挖掘时尚热点；能承受高强度的工作，频繁奔波于各地挑选货品，擅长商务谈判和人际沟通。

二、陈列师

陈列师从 19 世纪末服装陈列略见形貌，到 20 世纪二三十年代初步成为一个相对独立的职业。服装陈列师的职责是在面向顾客的固定营销场所，通过服装产品和背景空间的布置，力图体现一系列相关时尚产品的互相关系、内在含义、价值定位、品牌文化以及销售战略等方面的特点。他们所要做的就是利用艺术手段引起顾客对产品（商品）的兴趣，满足消费者体验产品内涵和服务品质的需求，从而最大限度地开发出产品（商品）潜在的附加值，一切都是为了商业目的。不但企业产品需要陈列，而且商业流通企业也需要陈列带给消费者独一无二的归属感。一旦这种归属感确立，被陈列的产品（商品）以及背后的厂家（商家）都可以凭借消费者高额的消费得到利润回报。陈列师要有美学素养、要掌握服装基础知识，如果有平面设计、室内设计、服装设计方面的知识就更好。此外，作为一个合格的陈列师，还要能够对商品和市场营销方面的知识有所了解。随着企业品牌战略竞争趋于白热化，陈列师对品牌和销售的促进作用已获得普遍共识。陈列文化在国内有广阔的发展空间，陈列师在国内将获得越来越多的关注，面临巨大的市场需求。

第四节　服装专业相关及周边领域的工作

服装相关领域有各种各样的工作机会，如专业协会、服装教学、专业出版物、电视、互联网以及顾问公司、影视、舞台服装设计等。对于适合这一领域的人来说，这类工作繁忙而充满乐趣。尽管每项工作都有其特定要求，但其共同点也是最重要一点，就是对时尚的理解。

一、专业协会的工作

专业协会的工作是服装行业中最有趣的工作之一。协会由制造商、零售商和各种类型的专家构成，并聘用专职员工从事研究、宣传及公共关系等工作。协会也处理有关立法事项、制订条约、出版杂志、策划展销会等工作。协会还常常根据会员的需求提供相应的服务。各种专业协会的工作，从服装材料、服装设计到服装生产、服装销售，涉及服装业的方方面面。例如中国服装设计师协会、流行色协会、中国服装协会等。各种专业协会无论大小，都会向其成员提供各种丰富多样的服务。刚刚进入协会里工作的新人将会发现，有特定专业的背景将会非常有用，当然，与人交流的能力也同样重要。

二、服装教学工作

服装教学方面的工作机会有许多种类。在设有服装专业的高职高专院校任教，一般都要求在获得4年服装专业学士学位的同时，还要修过教学方法方面的大学课程。在设有服装专业的高校任教，则通常要求具备硕士以上学位。还有一些社会上的服装技能培训机构也需要教师。教学和培训对于那些在服装业工作过的人是很自然的工作，因为信息交互、跟进最新时尚及流行趋势是他们工作的一部分，从这一点上讲，服装业每项工作都包括教与学的因素，因此这里也有发挥设计才能和满足兴趣的机会。

三、时尚编辑工作

几乎所有的大众刊物会刊登一些时尚信息，有的还是专门的时尚刊物。这类报社、杂志社里的工作机会是较多的，包括从编辑工作到无数的幕后工作。当出版物刊登报道时尚信息时，其时尚判断必须具备权威性。无论是时尚刊物还是只部分报道时尚信息的刊物，时尚编辑的工作是要观察读者的反应，抓住市场中的流行动态，并在合适的时间里描述报道出来，这取决于不同规模的出版机构和不同类型出版物，编辑一般需要了解整个服装市场或部分服装市场。有的专业刊物报道的内容范围非常专业，如《中国时装》等刊物一般是每月出版一期；有的商业刊物范围比较宽，比如《服装时报》等一般是周刊或半月刊，这些专业刊物涵盖大量的服装信息且刊期间隔近，可以为刚刚参加工作的服装专业毕业生提供很好的就业机会。

四、电视购物工作

现在许多广告代理聘请兼职人员来为服装生产商或零售商客户制作服装商业广告。尽管高额的电视播放及广告制作费用限制了零售商的兴趣，但仍有不少商家充分利用电视的优势来展示他们的服装。随着地方频道的增加，有线电视得到了发展，可以提供一种花费较少的服装广告即电视购物，这种节目制作费用也比较低。电视购物带来了一种新的服装零售方式。

五、网店服装搭配师

互联网也为人们提供了许多关于时尚及其技术方面的工作机会。许多引领时尚的设计师和制造商们均拥有自己的网站，而且时常更新和扩建，这就需要服装设计人员，网店服装搭配师就是基于互联网发展而形成的新兴行业，他们的主要工作职责是：负责新品的搭配整合；协助摄影师完成商品的拍摄、搭配等；对商品的搭配进行必要的产品说明；根据衣服款式对模特进行造型设计；为网店内服装搭配做策划，指导页面设计人员完成服装搭配单元的页面。这种工作要求搭配师具备较强的时尚感，能掌控时尚服饰搭配元素；思维活跃、动手能力强，有较强的审美及色彩掌控能力；了解市场营销和顾客消费心理，对服装款式、色彩和面料有较好的实际运用能力。网上购物已在世界各地蓬勃发展，一旦解决网络安全问题，这种交流媒体还可以提供更多的工作机会。

六、服装服饰形象顾问工作

近年来，消费咨询行业已经很热门了。服饰咨询服务一开始也许是一些有服装专业背景的人士利用业余时间从事的业务，渐渐地，这些咨询行业发展成为全职而且赢利的行业。服饰咨询业务投入资金相对较少，但是要成功的话，则需要在服装领域有丰富的经验，而且要投入大量的精力。

（一）形象及服装顾问工作

服装或形象咨询就是为那些希望自己更时尚或拥有独特形象的人做参谋。这类消费者对自己着装搭配能力缺乏自信，或者是没有足够时间，或者缺少时尚方面的知识，不知如何让服装既能增强自身的魅力，同时又能适合自身的生活方式。

（二）影楼服装造型师

很多影楼保证拍摄效果，不但聘有化妆师，还有服装造型师负责服装搭配、造型，提供拍摄产品的服饰搭配造型计划，进行拍摄现场搭配造型的修改和调整；给出每季新品主题搭配造型计划，采购搭配道具服装；配合摄影师、发型师、化妆师完成产品拍摄。

此外，如果外语基础好、还辅修国际贸易课程的话，服装外贸、服装进出口检验也是十分不错的选择。但是，不管从事上述哪种行业的工作，都要具有全面的综合素质：除了专业知识和技能外，要不断提升审美能力，要具备广博的知识和阅历；对时尚具有敏锐的观察能力、预见性和细致入微的专业精神，对美学形态及周围文化环境的意义怀有浓厚的兴趣以及良好的人际交往与社交能力。

七、舞台服装、影视剧服装的设计

　　服装设计专业就业方向除了选择上述与日常生活服装生产、销售相关的行业，还可以选择舞台服装、影视剧服装的设计工作。这一类服装是专供演出时穿着的服装，除了具备一般日常服装的基本属性外，还具有各自的服装特点。例如影视服装还担负着为影视片的内容服务和塑造人物的任务；舞台剧的服饰则受到舞台尺寸的限制，在设计上只能在现有的空间中做文章；舞台服装一般都是"程式化"的装扮，款式、色彩的变化则相对稳定，影视服装就不能采取舞台剧的方法，过分的夸张就会失去生活感（戏曲片除外）。设计是相通的，服装设计专业毕业生如果想在这些领域发展也是有一定基础的，只要再学习一些表演服装设计的专业知识就可以。

附录一　国际知名服装品牌简介

一、夏奈尔（Chanel）

1．品牌档案

（1）创始人：加布里埃勒·夏奈尔（Gabrielle Chanel）

（2）注册地：法国巴黎

（3）设计师：1913～1971年，加布里埃勒·夏奈尔；1983年起，卡尔·拉格菲尔德（Karl Largerfeld）

（4）品牌线：夏奈尔 Chanel

（5）品类：1913年开设女帽及时装店；1921年起开发各式香水，如1921年的 No.5 香水和 No.22 香水、1924年的 Cuirderussie 香水、1970年的 No.19 香水、1974年的 Cristalle 香水、1984年的 Coco 香水、1990年的 Egoiste 男用香水、1996年的 Allure 香水；另外还有各类饰品、化妆品、皮件、手表、珠宝、太阳眼镜和鞋。

2．品牌识别

（1）双 C：在夏奈尔服装的扣子或皮件的扣环上，可以很容易地发现将 Coco Chanel 的双 C 交叠而设计出来的标志。

（2）菱形格纹：从第一代夏奈尔皮件受到喜爱之后，其立体的菱形格纹也逐渐成为夏奈尔的标志之一，不断被运用在夏奈尔新款的服装和皮件上，后来甚至被运用到手表的设计上，尤其是"Matelassee"系列，K 金与不锈钢的金属表带都塑形成立体的菱形格纹。

（3）山茶花：夏奈尔对山茶花情有独钟，对于全世界而言，"山茶花"已经等于是夏奈尔王国的"国花"。不论是春夏或是秋冬，它除了被设计成各种质材的饰品之外，更经常被运用在服装的布料图案上。

二、伊夫·圣·洛朗（Yves Saint Laurent）

1．品牌档案

（1）类型：高级时装

（2）创始人：伊夫·圣·洛朗（Yves Saint Laurent）

（3）注册地：巴黎

（4）品类：高级时装、香水系列、首饰、鞋帽、化妆品、香烟等。

2. 品牌综述

创始人伊夫·圣·洛朗 1936 年生于阿尔及利亚，21 岁时任迪奥时装公司的首席设计师，但是好景不长，由于迪奥的老顾客们认为圣洛朗过于激进，1960 年，他被解雇，1962 年，他在巴黎建立自己的公司。圣·洛朗的设计既前卫又古典，模特不戴胸罩展示薄透时装正是他开的先声。圣·洛朗擅长调整人体体型的缺陷，常将艺术、文化等多元因素融于服装设计中，汲取敏锐而丰富的灵感，自始至终力求高级女装如艺术品般地完美。圣·洛朗的旗舰产品是高级时装，用料奢华，加工讲究，价格昂贵。

三、范思哲（Versace）

1. 品牌档案

（1）类型：高级时装、高级成衣

（2）创始人：詹尼·范思哲（Gianni Versace）

（3）注册地：意大利米兰

（4）地址：意大利米兰

（5）设计师：詹尼·范思哲，当娜泰拉·范思哲

2. 品牌综述

（1）著名意大利服装品牌范思哲代表着一个品牌家族、一个时尚帝国。它的设计风格鲜明，是独特的、美感极强的先锋艺术的象征，其中魅力独具的是那些充满文艺复兴时期特色的华丽的具有丰富想象力的款式。这些款式性感漂亮，女性味十足，色彩鲜艳，既有歌剧式的超现实的华丽，又能充分考虑穿着舒适性及恰当地显示体型。

（2）范思哲服装远没有看起来那么硬挺。以金属物品及闪光物装饰的女裤、皮革女装创造了一种介于女斗士与女妖之间的女性形象；绣花金属网眼结构是一种装饰艺术的再现；黑白条子的变化应用让人回想 19 世纪 20 年代风格；丰富多样的包缠则使人联想起设计师维奥内及北非风情。

（3）斜裁是范思哲设计最有力、最宝贵的属性，采用高贵豪华的面料，借助斜裁方式，在生硬的几何线条与柔和的身体曲线间巧妙过渡。在男装上，范思哲服装也以皮革缠绕成衣，创造一种大胆、雄伟甚而有点放荡的廓型，而在尺寸上则略有宽松而感觉舒适，仍然使用斜裁及不对称的技巧。线条对于是范思哲服装是非常重要的，套装、裙子、大衣等都以线条为标志，性感地表达女性的身体。

四、克里斯汀·迪奥（ChristianDior）

1. 品牌档案

（1）创始人：克里斯汀·迪奥（Christian Dior）

（2）注册地：法国巴黎

（3）设计师：1946 ~ 1957 年，克里斯汀·迪奥；1957 ~ 1960 年，伊夫·圣·洛朗；1960 ~ 1989 年，马克·博昂（Marc Bohan）；1989 ~ 1996 年，詹弗兰科·费雷（Gianfranco Ferre）；1996 年以后，约翰·加利亚诺（John Galliano）。

（4）品类：高级女装、高级成衣、针织服装、内衣、香水、化妆品、珠宝、配件等。

2．品牌综述

（1）迪奥品牌一直是华丽女装的代名词。大 V 领的卡马莱晚礼裙，多层次兼可自由搭配的裘皮服装等，均出自于设计师迪奥之手，其优雅的窄长裙，却能使穿着者步履自如，体现了优雅与实用的完美结合。迪奥服装选用高档的上乘面料制作，如绸缎、传统大衣呢、精纺羊毛、塔夫绸、华丽的刺绣品等，而做工更以精细见长。

（2）1957 年后，迪奥仍是华丽优雅的代名词。第二代设计师圣·洛朗推出迪奥的新系列——苗条系列。第三代继承人马克·博昂首创迪奥小姐系列，延续了迪奥品牌的精神风格，并将其发扬光大。1989 年，迪奥品牌由意大利设计师费雷主持设计，他的到来为迪奥传统的较夸张、浪漫的风格融入了新的严谨与典雅。1997 年，年轻的英国籍设计师加里亚诺成为迪奥的设计师。迪奥产品范围除高级女装、高级成衣以外，还有香水、皮草、头巾、针织衫、内衣、化妆品、珠宝及鞋等。

（3）几十年来，迪奥品牌不断地为人们创造着"新的机会，新的爱情故事"。在战后巴黎重建世界时装中心的过程中，迪奥做出了不可磨灭的贡献。

五、古弛（Gucci）

1．品牌档案

（1）类型：高级成衣

（2）创始人：古奇欧·古弛（Guccio Gucci）

（3）注册地：意大利佛罗伦萨

（4）设计师：1923 ~ 1989 年，古奇欧·古弛；1989 ~ 1992 年，理查德·兰伯森（Richard Mbertson）；1990 ~ 1991 年，唐·梅洛（DawnMello）；1994 ~ 2004 年，汤姆·福特（TomFord）

（5）品类：服装、皮包皮鞋、手表、家饰品、宠物用品、丝巾与领带，1975 年推出香水产品

（6）目标消费群：上层社会妇女，影星

（7）地址：意大利佛罗伦萨

2．品牌综述

古弛尽管时装牌子令人眼花缭乱，其风格却一向被商界人士垂青，时尚之余不失高雅，这个意大利品牌的服饰一直以简单设计为主，尤其是今季的男装，剪裁新颖，在豪迈中带点不羁，散发无穷魅力。在古弛的时尚王国中，有受媒体宠爱、年轻又才华横溢的汤姆·福特担任过设计师，更有包括麦当娜、玛莉亚·凯莉、布拉德·皮特等影星忠诚消费。

六、瓦伦蒂诺（Valentino）

1. 品牌档案

（1）类型：高级成衣

（2）创始人：瓦伦蒂诺·加拉瓦尼（Valentino Garavani）

（3）注册地：意大利罗马

（4）设计师：瓦伦蒂诺·加拉瓦尼

（5）品类：高级时装、高级成衣、男装、室内装饰用纺织品及礼品、香水

2. 品牌综述

创始人瓦伦蒂诺·加拉瓦尼于 1932 年出生于意大利，1960 年在罗马成立了瓦伦蒂诺公司，1968 ～ 1973 年，瓦伦蒂诺公司被肯通（kenton）公司接管，1973 年，瓦伦蒂诺重新购回了公司。瓦伦蒂诺曾获奈门 – 马科斯奖、意美基金会奖。富丽华贵、美艳灼人是瓦伦蒂诺品牌服装的特色，其做工十分考究，从整体到每一个小细节都做得尽善尽美。瓦伦蒂诺喜欢用最纯的颜色，其中鲜艳的红色可以说是他的标准色。瓦伦蒂诺时装是豪华、奢侈的生活方式的象征，极受追求十全十美的名流所喜爱。

七、切瑞蒂（Cerruti）

1. 品牌档案

（1）创始人：尼诺·切瑞蒂（Nino Cerruti）

（2）注册地：法国巴黎

（3）设计师：尼诺·切瑞蒂

（4）品牌线：① Cerruti 1881（切瑞蒂 1881）——男装 ② Cerruti（切瑞蒂）——时装、香水

（5）品类：高级男装成衣、高级女装成衣、系列香水、电影服装设计等

（6）地址：法国巴黎

2. 品牌综述

"当男人穿上西装时，他应该看起来像那些重要的头面人物"—— 有"意大利时装之父"称誉的尼诺·切瑞蒂对他的"切瑞蒂 1881"品牌男装所作的解释或许说明了切瑞蒂品牌能够名扬四海的原因。事实上，他早在 1957 年就推出了男装品牌"hitman"，但 1967 年诞生于巴黎的"切瑞蒂 1881"才是他设计理念的完美体现。对于传统因素的遵循和拓展，奠定了切瑞蒂品牌划时代的地位。"切瑞蒂 1881"男装以流线型的设计风格带给人们前所未有的惊喜；不但款型时尚，剪裁上更是将意大利式的手工传统、英国式的色彩配置和法国式的样式风格完美糅合，融入了经典而又新鲜的品位。除了男装之外，同一品牌线的切瑞蒂时装、香水同样蜚声业界，享誉已久。而瑞士手表系列，可谓这个大家族中极具潜质的名门新贵。它继承了品牌一贯清逸典雅的设计，运用高度精确的瑞士制表技术精制而成。此外，还因与水银灯

下魅力四射的巨星频结不解之缘，"切瑞蒂1881"这个国际品牌洋溢着独有的好莱坞风采，象征着声誉、财富与个人风格。

八、乔治·阿玛尼（Giorgio Armani）

创始人乔治·阿玛尼1934年出生于意大利，曾学习医药及摄影专业，并在切瑞蒂公司任男装设计师，1975年创立自己的品牌。乔治·阿玛尼曾获奈门-马科斯奖、全羊毛标志奖、生活成就奖、美国国际设计师协会奖、库蒂-沙克奖等奖项。乔治·阿玛尼现在已是在美国销量最大的欧洲设计师品牌，以使用新型面料及优良制作而闻名。就设计风格而言，它们既不潮流亦非传统，而是两者之间很好的结合。其主打品牌乔治·阿玛尼针对富有阶层；玛尼（Mani）、爱姆普里奥·阿玛尼（Emporio Armani）、阿玛尼牛仔（Armani Jeans）针对普通消费者。

九、Guess

Guess品牌由来自法国南部的马西亚诺兄弟创立。他们将浪漫热情的法国设计风格融进了对美国西部文化的理解与鉴赏之中。Guess诞生于1981年，成立时只是一家牛仔裤制造商，现在已发展成当今世界最受认可及最具影响的知名品牌之一，在五大洲均有代理和分销商。有着专为男士、女士、儿童及家庭设计服装和配件的Guess，将主人的精致生活品质诠释得淋漓尽致。

十、爱马仕（Hermes）

让所有的产品至精至美、无可挑剔，是爱马仕的一贯宗旨。爱马仕拥有十几个系列产品，包括皮具、箱包、丝巾、男女服装系列、香水、手表等，大多数产品都是手工精心制作的，无怪乎有人称爱马仕的产品为思想深邃、品位高尚、内涵丰富、工艺精湛的艺术品。这些爱马仕精品融进快节奏的现代生活中，让世人重返传统优雅的怀抱。爱马仕家族经过几代人的共同努力，使其品牌声名远扬。早在20世纪来临之时，爱马仕就已成为法国式奢华消费品的典型代表。20世纪20年代，创立者蒂埃利·爱马仕之孙埃米尔曾这样评价爱马仕品牌："皮革制品造就运动和优雅至极的传统。"爱马仕原来只是巴黎城中的一家专门为马车制作各种精致的配套装饰的马具店，在1885年举行的巴黎展览会上，爱马仕获得了此类产品的一等奖。此后，爱马仕再建专卖店，生产销售马鞍等物品，并开始零售业务。随着汽车等交通工具的出现和发展，爱马仕开始转产，将其精湛的制作工艺运用于其他产品的生产之中，如钱夹、旅行包、手提包、手表带以及一些体育运动如高尔夫球、马球、打猎等所需的辅助用具，也设计制作高档的运动服装。爱马仕品牌所有的产品都选用最上乘的高级材料制作，注重工艺装饰，细节精巧，以其优良的质量赢得了良好的信誉。爱马仕在1920年为威尔士王子设计的拉链式高尔夫夹克，成为20世纪最早的皮革服装成功设计。爱马仕的第四代继承人在其皮革制品的基础之上，又开发了香水等新品类，到20世纪60年代，不断发展壮大的爱马仕公司又有了各类时装及香水等产品。1970 年，爱马仕还只是一个纯手工业的家庭工厂，但 15 年后，它已发展成为制作高级精品的超级跨国公司，营业额扩大了 5 倍，如今，爱马仕公司的规模还在不断扩大。

十一、卡尔文·克莱恩（Calvin Klein）

1．品牌档案

（1）创始人：卡尔文·克莱恩；巴里·施瓦茨（Barry Schwartz）

（2）注册地：美国纽约

（3）设计师：卡尔文·克莱恩

（4）品牌线：① Calvin Klein（卡尔文·克莱恩）——高级时装；② Ck Calvin Klein（Ck 卡尔文·克莱恩）——高级成衣；③ Calvin Klein Jeans（卡尔文·克莱恩牛仔）——二线品牌，较年轻风格

（5）品类：男女高级时装、高级成衣、男女休闲装、袜子、内衣、睡衣及泳衣、香水、眼镜、牛仔装、配件、香水及家饰用品

2．品牌综述

卡尔文·克莱恩，这个以创始人姓名来命名的服装品牌近年来享誉于世。作为全方位发展的时尚品牌，卡尔文·克莱恩旗下一共有三个主要的服装路线：高级时装的 Calvin Klein，高级成衣的 CK Calvin Klein 和牛仔系列的 Calvin Klein Jeans；而配件产品的种类则涵盖了香水、眼镜、袜子、内衣、睡衣、泳衣以及家饰用品的方方面面。一直以来，卡尔文·克莱恩的事业都是扶摇直上，曾经连续四度获得知名的服装奖项；旗下的相关产品更是层出不穷，声势极为惊人。1997 年，卡尔文·克莱恩又进军手表制造业，与著名的斯沃琪（Swatch）集团合作的 Ck 表也得以问世。卡尔文·克莱恩则将为数不多但品位高雅且个性鲜明的顾客群划入了自己的领地，每一件卡尔文·克莱恩的产品都显得完美无瑕。

附录二 国际知名服装设计师名录

国际知名服装设计师名录

序号	姓　　名	影响的年代（20世纪）	服装设计特色
1	阿道夫（Adolfo）	60～80年代	灵感来自夏奈尔针织套装，设计了一系列套裙
2	吉尔伯特·阿德里安（Gilbert Adrian）	30～40年代	30～40年代著名的电影服装设计师，影星琼·克劳馥、嘉宝、珍·哈洛都穿过他设计的服装
3	乔治·阿玛尼（Giorgio Armani）	80～90年代	对男女时装皆有深远的影响，其设计特点是流畅的裁剪、奢华闪亮面料的使用以及充满自信的样式
4	罗兰·爱思（Laura Ashley）	70～80年代	面料及款式透露着浪漫的维多利亚风格，建立了伦敦风格的服装与家居王国
5	克里斯特巴尔·巴伦夏加（Cristobal Balenciaga）	40～60年代	20世纪最伟大的服装设计师之一，他的设计深刻地影响了后来的设计师纪梵希、伊曼纽尔·温加罗以及安德烈·库雷热
6	皮尔·巴尔曼（Pierre Balmain）	40～50年代	出自他的款式有经典的日装及夸张的晚装
7	吉奥夫雷·比尼（Geoffrey Beene）	60～80年代	休闲优雅的风格、华丽的裁剪及选用漂亮的面料
8	比尔·布拉斯（Bill Blass）	70～90年代	他设计的男装有高雅的品位和精致的剪裁，在面料的使用上也有创新
9	马克·博昂（Marc Bohan）	60～80年代	60年代初期，在Dior店开始工作，一直到1989年，是当时引领潮流的设计师
10	斯蒂芬·伯罗（Stephen Burrows）	70～80年代	极力追求针织衫的悬垂性效果，服装非常符合身体运动机能，而且善于使用充满活力的颜色
11	皮尔·卡丹（Pierre Cardin）	50～60年代	许可经营之王，也是第一个在中国展示其服装的设计师
12	哈蒂·卡内基（Hattie Carnegie）	30～40年代	在20世纪30～40年代十分有影响
13	邦尼·卡辛（Bonnie Cashin）	40～50年代	美国休闲式服装的创始者，最具特色的设计是多层服装样式、弹性滑冰服、自行车比赛服等
14	奥列格·卡西尼（Oleg Cassini）	60～80年代	为杰奎琳·肯尼迪设计正式服装，后以其自由风格套装而著名
15	夏奈尔（Chanel）	20～40年代	她的成为永恒经典的服装有：毛线衫、水手样式、苏格兰粗呢套装等
16	利兹·克莱本（Liz C1aiborne）	80～90年代	职业装的革新者，其样式有"Executive Lady"（行政女装）
17	安德烈·库雷热（Andre Courreges）	60～70年代	首次把服装臀围线提到中部，此外，其代表作还有白色皮靴以及硬朗风格的服装
18	西比尔·康诺利（Sybil Connolly）	60～70年代	爱尔兰最具声望的设计师，以其精细的羊毛服装及苏格兰粗呢服装而闻名

序号	姓　名	影响的年代 （20世纪）	服装设计特色
19	奥斯卡·德拉伦塔 （Oscar de la Renta）	60~90年代	设计有奢侈华丽的晚礼服和精致复杂的日装
20	安·德默勒莱米斯特 （Ann Demeulemeester）	90年代	制作精良的女西服套装，选用针织面料、优良的裁剪以及单色调
21	克里斯汀·迪奥 （Christian Dior）	40~50年代	1947年的新样式"New Look"十分著名，其特点是细腰、丰胸、短上衣、突出臀部以及长裙
22	多米尼克·多斯和斯蒂芬诺·加本伯纳 （Domenico Dolce and Stefano Gabbana）	90年代	鼓励年轻人盛装打扮，性感的女用内衣样式是其服装的特色，女性的优雅形态是他们设计服装所要表达的信息
23	派利·埃利斯 （Perry Ellis）	70~80年代	把最新潮的元素加入经典的服装样式中去，使用天然纺织材料，人工织制毛线衫，展现出年轻的活力
24	雅克·法思 （Jacques Fath）	40~50年代	设计性感的服装，沙漏式外形，领口很深
25	詹弗兰科·费雷 （Gianfranco Ferré）	80~90年代	受过建筑学的教育，其服装也具有建筑风格，服装结构很时尚
26	艾琳·费希尔 （Eileen fisher）	90年代	轻描淡写的女王风格，为那些并不完美的体型设计舒服合适的服装
27	安娜·福格蒂 （Anne Fogarty）	50~60年代	为体型小的人设计服装，变革创新时尚
28	汤姆·福特（Tom Ford）	90年代	1996年推出一系列以20世纪70年代为主题的设计，挽救了濒临倒闭的Gucci公司，现专营自己的Tom Ford品牌
29	马里阿诺·福图尼 （Mariano Fortuny）	20~30年代	他的服装是褶裥的艺术品，现在为收藏家们所钟爱
30	詹姆斯·加里诺斯 （James Galanos）	40~50年代	第一个美国高级时装设计师，其设计的高级时装十分优雅
31	约翰·加里亚诺 （John Galliano）	90年代	1997年接掌Christian Dior首席设计师，成功地实现了将Dior品牌年轻化的任务，被誉为"无可救药的浪漫主义大师"
32	让－保罗·戈尔捷 （Jean-Paul Gaultier）	80~90年代	其服装时髦显眼，曾倡导破烂装，大胆而前卫
33	鲁迪·根雷齐 （Rudi Gernreich）	60~70年代	设计上面为空的游泳衣及透明的衬衫
34	休伯特·纪梵希 （Hubert Givenchy）	50~80年代	他的设计引进了开司米面料及宽松的裙子
35	阿利克斯·格雷斯 （Alix Grès）	30~50年代	她设计的公爵夫人式的悬垂式服装，希腊式简状裙悬垂得恰到好处
36	哈尔斯顿（Halston）	70~80年代	设计非构造式单衣、讲究的开司米羊毛服装
37	诺曼·哈特尼尔 （Norman Hartnell）	30~40年代	开设20世纪30年代伦敦最大的高级时装店，为伊莎贝尔女王二世设计加冕时的礼袍
38	爱迪斯·海德 （Edith Head）	30~50年代	好莱坞最知名的设计师之一
39	斯坦·荷尔曼 （Stan Herman）	60~90年代	美国服装设计师协会主席，引领全世界制服的设计，如麦克唐纳航空公司的制服就是他设计的

续表

序号	姓　　名	影响的年代 （20世纪）	服装设计特色
40	加罗林娜·赫雷热 （Carolina Herrera）	80~90年代	迎合上流社会顾客的品位，主要设计考究的晚礼服，使用的是奢华的面料
41	汤米·希尔费格 （Tommy Hilfiger）	80~90年代	品牌形象设计师
42	马克·雅各布 （Marc Jacobs）	90年代	皮毛类产品设计较出色
43	查尔斯·詹姆斯 （Charles James）	40~50年代	超现实主义设计师
44	贝齐·约翰逊 （Betsey Johnson）	60~70年代	设计前卫、充满美国化、女孩子气，富有戏剧性，善于运用荷叶边和蕾丝、低胸、紧身剪裁，色彩艳丽缤纷
45	沃尔夫冈·乔普 （Wolfgang Joop）	90年代	1987年创建Joop品牌，现为德国三大高级时装品牌之一，作品结合传统与前卫，融绚丽、高贵、简约、现代于一身
46	诺玛·卡玛利 （Norma Kamali）	80~90年代	其毛线裙装曾在服装界轰动一时，年轻人非常喜欢他的设计
47	唐娜·卡伦 （Donna Karan）	80~90年代	设计非常时尚的优雅型运动装，其特点是简洁利索的外形，包括莎丽质地的裙子和舒适的裙装
48	川久保龄 （Rei Kawabuko）	80~90年代	设计强硬气质的服装，对传统的女性样式具有挑战性
49	高田贤三（Kenzo）	70~80年代	面料质量非常好，喜欢渲染色彩，又有时尚家居设计作品
50	埃曼纽勒·康恩 （Emmanuelle Khanh）	60~70年代	巴黎首批成衣设计师之主要成员
51	安妮·克莱恩 （Anne Klein）	50~60年代	经典的美国运动装设计师
52	卡尔文·克莱恩 （Calvin Klein）	70~90年代	极简派风格的代表，主要设计牛仔服，同时还做一些性感迷人的商业广告
53	迈克·柯尔 （Michael Kors）	90年代	其设计有很强的造型效果，极少用装饰
54	克里斯汀·拉克鲁瓦 （Christian Lacroix）	80~90年代	引进"泡芙"外形，设计梦幻型服装和精巧的婚纱礼服
55	卡尔·拉格菲尔德 （Karl Lagerfeld）	80~90年代	一年能设计16个系列的服装，有非常精湛的工艺和巧妙的设计，使夏奈尔风格得到复活
56	让娜·朗万 （Jeanne Lanvin）	20~30年代	1890年到"浪漫屋"，是巴黎现存最古老的高级时装店。朗万设计的以绘画为题材的女装十分有名，擅长在素色面料上用刺绣装饰
57	拉尔夫·劳伦 （Ralph Lauren）	80~90年代	设计西部风格的男女服装，还设计了许多经典样式
58	鲍勃·麦凯 （Bob Mackie）	60~80年代	为影视明星设计服装，其设计的服装充满了灵感
59	克莱尔·麦卡德尔 （Claire Mccardell）	40~50年代	引进阿尔卑斯山的村姑装样式，成为当时一种时装热潮，他还是美国运动装样式的提议者
60	玛丽·麦克法登 （Mary McFadden）	70~80年代	曾用褶皱来强调迷人的服装式样
61	亚历山大·麦奎因 （Alexander McQueen）	90年代	他在1996~2003年之间共4次赢得"年度最佳英国设计师"。他的作品个性、叛逆，他本人有"坏男孩"之称，被认为是英国的时尚教父

序号	姓　　名	影响的年代 （20世纪）	服装设计特色
62	梅因博歇 （Mainbocher）	30～40年代	在巴黎的美国设计师，曾引进无背带晚礼服；为温莎公爵夫人沃里斯·辛普森设计了婚纱礼服
63	妮科尔·米勒 （Nicole Miller）	80～90年代	创新印花面料，设计了90年代单色简洁的服装样式
64	米索尼夫妇 （Rosita Missoni and Ottavio Missoni）	50～90年代	在针织服装上大胆地把多种彩色混合在一起，使得服装既简洁又复杂
65	三宅一生（Issey Miyake）	80～90年代	开发新的面料，设计新的工艺，曾生产防水布等革新产品
66	伊萨克·米兹拉希 （Isaac Mizrahi）	80～90年代	为戏剧及电影设计了许多服装
67	克劳德·蒙塔纳 （Claude Montana）	80～90年代	设计了楔形服装，服装结构性很好
68	弗兰科·莫斯基诺 （Franco Moschino）	90年代	时尚、诙谐的服装使他出名
69	森英惠（Hanae Mori）	80年代	在中西方文化中寻求差异
70	蒂埃里·米勒 （Thierry Mugler）	70～90年代	从豪华到革新，其设计有很大的跨度，从多装饰到极简风格都有
71	让·缪尔（Jean Muir）	60～70年代	优雅精巧的经典服装
72	乔西·纳托里 （Josie Natori）	80～90年代	消除了内衣与外衣的界限，成功地设计出既舒适实用又有个性的服装
73	诺曼·诺雷尔 （Norman Norell）	40～60年代	获得1943年第一次Coty奖的设计师，他的闪烁金属片装饰的服装将永远被珍藏
74	托德·奥尔德姆 （Todd Oldham）	90年代	在商业与非传统的古怪结合下，其精妙而有活力的服装充满了幽默感
75	让·帕图（Jean Patou）	20～30年代	他设计高雅而女性化的高级时装，是一个成功的商人和设计师
76	罗伯特·皮盖特 （Robert Piquet）	30～40年代	他的设计高格调、优雅、精致
77	保罗·普瓦雷 （Paul Poiret）	20～30年代	20世纪第一个引导时装潮流的巴黎高级时装设计师，是他把妇女从紧身胸衣中解放出来
78	米西亚·普拉达 （Miuccia Prada）	90年代	全球服装及饰品的潮流引导者
79	埃米利奥·普奇 （Emilio Pucci）	50～60年代	对当时的意大利服装进行改革，在毛纱衫上加上了多彩的印花图案
80	玛丽·匡特 （Mary Quant）	60～70年代	其设计的非常受欢迎的迷你裙、彩色的紧身衣和足球针织衫，曾震撼了60年代的伦敦
81	帕科·拉巴纳 （Paco Rabanne）	70～80年代	把塑料、金属链、金属材料及门把手用于服装，时装界的改革者，重金属风格的领袖
82	赞德拉·罗兹 （Zandra Rhodes）	70～80年代	从纺织面料设计开始的设计师，浪漫的印花设计，使用柔软的面料、手工丝网印花
83	纳西索·罗德里格斯 （Narciso Rodriguez）	90年代	为西班牙设计公司Loewe设计服装，他的作品柔美、性感、优雅
84	索尼亚·里基尔 （Sonia Rykiel）	70～80年代	善于设计针织衫，具有时尚女性奇特的幽默感

续表

序号	姓　名	影响的年代 （20世纪）	服装设计特色
85	伊夫·圣·洛朗 （Yves Saint Laurent）	60～90年代	以女式裤套装、短夹克、考察服而闻名
86	吉尔·桑德尔 （Jil Sander）	90年代	以服装材料的高质量和高超的技艺而著称，是设计套装和单件西服的专家
87	阿戴尔·辛普森 （Adele Simpson）	50～60年代	其设计以稳定优良的品位而闻名
88	埃尔莎·夏帕瑞丽 （Elsa Schiaparelli）	30～40年代	巴黎的强硬风格设计师，以其设计"妖艳的粉红"（shocking pink）而出名
89	安娜·苏 （Anna Sui）	90年代	自由风格设计，其作品是时尚与高档的结合
90	波林·特丽吉尔 （Pauline Trigère）	40～80年代	美国前卫设计师，她的上衣外套十分有名，细节也很值得细察
91	里查德·泰勒 （Richard Tyler）	90年代	西服定做，高级裁剪，精良复杂的样式，很受90年代好莱坞人们的喜欢
92	伊曼纽尔·温加罗 （Emanuel Ungaro）	70～80年代	其服装有时空感，大胆的颜色，尖锐的楔形轮廓
93	瓦伦蒂诺（valentino）	60～90年代	V型轮廓是他的服装特色，为其增添了荣誉，其设计简洁而微妙
94	詹尼·范思哲 （Gianni Versace）	80～90年代	运动时变化的印花和金属网眼服装，是时装中的摇滚之王
95	维拉·王（Vera Wang）	90年代	婚纱礼服中的珍品，并且也有晚礼服的设计
96	约翰·维兹 （John Weitz）	60～90年代	男式运动女装设计，还有许多其他领域的服装
97	维维安·维斯特伍德 （Vivienne Westwood）	80～90年代	朋克摇滚时装，写有奇特短语的T恤，她的女性服装店命名为"Sex"
98	查尔斯·费雷德里克·沃斯 （Charles Frederick Worth）	19世纪末	众所周知，他创造了设计师时代，确立了每季一次时装表演的固定模式
99	山本耀司 （Yohji Yamamoto）	80～90年代	极少掩饰的时装，使用深色的有力的设计，采用非对称裁剪法

参考文献

[1] 张玲.图解服装概论 [M].北京：中国纺织出版社，2005.

[2] 张辛可.服装概论 [M].河北：河北美术出版社，2005.

[3] 宋绍华.孙杰.服装概论 [M].北京：中国纺织出版社，2004.

[4] 李当岐.服装学概论 [M].北京：高等教育出版社，1998.

[5] 张星.服装流行学.2 版 [M].北京：中国纺织出版社，2010.

[6] 刘晓刚.时装设计艺术.2 版 [M].北京：东华大学出版社，2005.

[7] 李当岐.西洋服装史.2 版 [M].北京：高等教育出版社，2005.

[8] 刘瑜.张祖芳.中西服装史 [M].上海：上海人民美术出版社，2007.

[9] 华梅.中国近现代服装史 [M].北京：中国纺织出版社，2008.

[10] 张祖芳.服装设计基础 [M].上海：上海人民美术出版社，2007.

[11] 周丽娅.梁军.服装构成基础.2 版 [M].北京：中国纺织出版社，2000.

[12] 刘晓刚.王俊.顾雯.流程·决策·应变：服装设计方法论 [M].北京：中国纺织出版社，
2009.